电力技术与职业教育研究

第一辑

RESEARCH ON ELECTRIC POWER TECHNOLOGY AND VOCATIONAL EDUCATION

主编：武汉电力职业技术学院

華中科技大學出版社
http://press.hust.edu.cn
中国·武汉

图书在版编目(CIP)数据

电力技术与职业教育研究.第一辑/武汉电力职业技术学院主编.—武汉:华中科技大学出版社,2023.8
ISBN 978-7-5680-9891-5

Ⅰ.①电… Ⅱ.①武… Ⅲ.①电力工业-职业教育-研究 Ⅳ.①TM7

中国国家版本馆 CIP 数据核字(2023)第 140247 号

电力技术与职业教育研究(第一辑) 武汉电力职业技术学院 主编
Dianli Jishu yu Zhiye Jiaoyu Yanjiu(Di-yi Ji)

策划编辑:熊元勇 傅 文
责任编辑:王晓东
封面设计:刘卿苑
责任校对:刘 竣
责任监印:曾 婷
出版发行:华中科技大学出版社(中国·武汉) 电话:(027)81321913
武汉市东湖新技术开发区华工科技园 邮编:430223
录 排:华中科技大学惠友文印中心
印 刷:武汉邮科印务有限公司
开 本:787mm×1092mm 1/16
印 张:8.75
字 数:219 千字
版 次:2023 年 8 月第 1 版第 1 次印刷
定 价:58.00 元

目　录

高职院校专业教学资源库建设与应用研究　梁倩　沈青　谢新 …………………………… 1
输电线路防雷措施　吴新辉　张家安 ………………………………………………………………… 6
在高等数学的教学中培养大学生的能力与素养探索　吴发汉　熊桂芳 …………………… 10
居家实践课程内容的探索——以线上教学高职“机械检修技术”为例　彭婧　丁梦野 … 18
浅议基于数字化思维的技能人才培养模式研究　王涛 …………………………………… 22
简析网络时代高校学生心理健康教育及管理模式　陶建武 ……………………………… 27
关于水电厂生产管理数字化转型的思考　唐佳庆 ………………………………………… 31
关于加快推进送变电改革发展的探讨与思考　费薇 ……………………………………… 36
服务双碳，关于供给侧电源结构体系的思考　李子寿 …………………………………… 39
深化调控内部机制，严密降控电网风险　周长征 ………………………………………… 49
新形势下特高压工程属地化工作创新研究　饶偲 ………………………………………… 53
数据驱动下的运检技术管理提升　罗皓文 ………………………………………………… 56
配电网建设管理现状分析及对策　张琪 …………………………………………………… 62
公司供电服务指挥体系省侧建设运营工作探析　朱文婷 ………………………………… 67
推进智慧后勤信息平台建设，助力公司“四个转型”　柯望 ……………………………… 71
关于地市思极分公司业务运营工作的研究　邓三国 ……………………………………… 75
新时代红领党建在基层实践与升华的探索　袁锋 ………………………………………… 79
以高质量党建引领高质量采购工作　王培芳 ……………………………………………… 83
关于电力企业用工配置结构性矛盾研究　汤伟 …………………………………………… 86
创新网络安全人才管理模式，筑牢全场景主动安全防御体系——省级网络安全
“四位一体”柔性团队研究　郭峰 …………………………………………………………… 92
新形势下班组绩效管理办法探索　穆仪 …………………………………………………… 100
立志、勤学、实干：“3＋1”人才体系下的青年员工成长成才之路　黄海　侯新文 ……… 106
基于“四化两制”的班组安全管控创新实践　周广 ……………………………………… 110
恩施地区配电自动化建设与思考　张建业 ………………………………………………… 116
践行“四个坚持”，加快建设“两强两化”办公室——关于进一步提升办公室
系统服务保障质效的思考　刘少波 ………………………………………………………… 121
公司全面社会责任管理现状分析及思考　耿耿 …………………………………………… 125
电网企业数智化审计模式的探索与实践　刘莹 …………………………………………… 130

高职院校专业教学资源库建设与应用研究

梁倩　沈青　谢新

（武汉电力职业技术学院，湖北武汉　430079）

摘要：总结职业教育国家级专业教学资源十余年的建设情况，分析建设和使用过程中存在的问题，提出提升建设与应用成效的措施，探索资源库的建设方向，为后期持续建设提供参考。

关键词：高职；专业；资源库

基金资助：2021 年国网湖北技培中心（武汉电力职业技术学院）教科研项目“专业教学资源库与教育教学的深度融合研究”（2021KY004）

一、引言

职业教育专业教学资源库是“信息化＋职业教育”的必然产物，现已形成纵向覆盖不同级别（国家级、省级和校级）、横向覆盖不同专业的专业教学资源库体系[1]。就国家级专业教学资源库来说，其由教育部立项建设，始建于 2010 年，截至 2022 年 11 月，已立项建设 204 个国家级职业教育专业教学资源库，10472 门标准化课程，共计有 1337 所学校联合 2000 余家企业、机构和相关部门主持、参与了教学资源库的建设工作，资源库覆盖全部 19 个专业大类。其中，2020 年度建设数量超过建设总量三分之一，如图 1 所示。

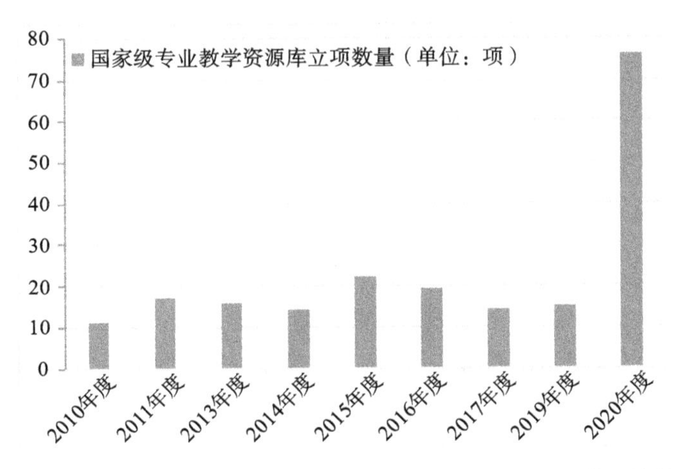

图 1　2010—2020 年国家级专业教学资源库立项数量情况统计

经过10余年高速建设,职业院校专业教学资源库在推动信息化背景下的三教改革、打破学习时间和空间限制、支撑新冠疫情期间大范围的网课教学、加强校企合作等方面发挥了重要的作用[2]。但是在资源库建设和使用过程中也存在着教学资源多而不精、质量参差不齐等问题,这些问题会直接影响资源库后期应用的频次和效果[3-4]。基于上述分析,笔者拟从专业教学资源库存在的问题、提升资源库建设与应用成效的措施和后期建设方向等方面展开阐述和研究。

二、专业教学资源库存在的问题

(一)不同的用户类型群体数量差异较大

以国家级职业教育专业教学资源库为例(数据来源于国家级职业教育专业教学资源库项目管理平台,网址 http://zyk.ouchn.cn/portal/index),截至2022年11月,学生用户数量高达2066万,教师用户92万,企业用户只有39万。学生用户数量远大于企业用户数量,学生用户数量巨大。其原因是,国家级资源库是专业教学资源库的标杆,主持、参建资源库的学校实力强,所制作的素材质量高,是任课教师授课的首选,随之带来庞大的学生用户。企业用户数量偏少,究其原因主要有以下几点:一是职后培训与职前教学往往为两套独立的体系,企业有相对独立的培训和考核体系,企业培训往往要求更强的针对性和操作性,因此企业用户往往倾向于使用行业、企业自己的资源;二是存在行业壁垒,虽然社会用户亟需通过学习提升技术技能水平,但仅通过资源库学习,社会用户无法获得行业的“准入证”,同时社会用户获取资源库信息的渠道不通畅,社会用户不了解,甚至不知道职业教育专业教学资源库。

(二)资源库素材质量参差不齐

资源库对素材的数量和质量有着明确的要求,但存在着文本型、图片型和幻灯片型资源占比过大,视频型、微课型和虚拟仿真型高质量资源占比相对较小,部分资源质量不高的现象,以及素材资源重复建设的问题。相同、相近的课程在不同专业、不同级别的资源库中重复建设,同时资源建设缺乏总体规划,未围绕专业主线和课程主线开展,素材总体数量有余而分布不均衡,无法支撑全部知识点,部分知识点缺乏素材支撑[5]。同时,对接现场生产实际的资源偏少,体现新技术、新规范、新发展的资源不够。

(三)资源库专业覆盖率有限

截至2022年11月底,国家级专业教学资源库数据平台显示,现已建成204个国家级专业资源库。以能源动力与材料大类为例,中职共设6个专业子类21个专业,高职专科设7个专业子类共49个专业,高职本科设7个专业子类共11个专业。现已建成7个国家级专业教学资源库,覆盖电力系统自动化、发电厂级电力系统等7个专业,尚有2个专业子类未建成国家级专业教学资源库。具体数据见表1。

表1 能源动力与材料大类国家级专业教学资源库分布情况

专业子类	电力技术类	热能与发电工程类	新能源发电工程类	黑色金属材料类	有色金属材料类	非金属材料类	建筑材料类
中职专业数量/个	5	5	3	2	2	0	4
高职专科专业数量/个	11	8	7	4	5	9	5
高职本科专业数量/个	2	1	1	1	3	2	1
国家级专业教学资源数量/个	3	0	1	1	1	0	1

相当一部分专业，专业性极强、技术技能水平要求高，但由于开办此类专业的学校和招生人数均有限，由此带来的学习用户和学习数据受限，很难成功申请到高级别的专业教学资源库，只能自建自用，无法形成集聚效应，从而无法充分利用“互联网＋职业教育”聚合力、集群智的优势，提升教学效果。

（四）素材资源利用率不高

素材资源利用率不高主要体现在三个方面：第一，在资源库建设过程中，为了满足素材数量要求，满足验收条件，存在部分资源质量不高的问题，在教学应用过程中，这部分资源往往会成为“僵尸”资源；第二，目前还存在素材资源使用方式单一，以直接引用居多，缺乏二次加工、有效整合，未能完全实现资源的集聚效应，以资源建设为基础的在线开放课程建设力度不够；第三，对资源库的宣传力度不够，校校合作、校企合作过程中未在资源库上发力，以至于资源库在主持和参与建设的院校中用得多，而其他院校中使用较少。导致未能有效达到资源库建设的预期目的，出现资源“建得多，用得少”现象。

（五）平台功能性和稳定性有待进一步加强

资源库平台用以承载和展示素材资源，是对接用户的窗口，是资源库良性运行的根本保障[6]。“信息化＋职业教育”背景下，越来越多的教师使用在线教学平台进行辅助授课，教学平台已成为教学过程中不可或缺的工具，但职业院校常用的资源库平台在使用过程中，出现过无法登录、卡顿、资源无法使用等问题，导致用户体验不佳，对教学效果产生了不可忽视的负面影响。一旦资源库平台出现问题，会严重影响教学效果以及资源建设和更新进度；同时如果平台设计不合理、智能化程度不高，也将损失大量的用户资源。

三、提升资源库建设与应用成效的措施

（一）加强职业培训资源建设

2022年颁布的《中华人民共和国职业教育法》（以下简称“职业教育法”）明确规定，职业教育不仅要面向学校教育，还要面向职业培训，职业教育专业资源库应重点建设职后培训资源。围绕职业标准和职业发展需求，建设体系化的培训资源，与行业企业深度合作，充分调研企业培训需求和亟须的培训资源，以岗位群典型工作任务为主线，搭建培训课程体系框

架,构建适用于不同岗位、不同技能水平的课程体系。职业培训课程资源类型应全面,同时应避免重复建设,充分利用职前教学资源中已建成的资源,重点建设虚拟仿真资源以及交互式资源。

(二)建立资源评级机制

为形成专业教学资源库良性发展的态势,资源库平台应建立用户评分机制,赋予用户对素材资源进行评分的权限,平台甄别、汇总、计算后对资源进行打分评级,同时开放资源点评功能,学习者可分享学习体验,点评资源的优劣,便于后面的学习者高效搜索、使用更优质的素材资源。建立资源库平台预警机制,对于评分过低、差评过多的素材资源,资源库平台对建设方给予预警,便于建设方进行及时诊改、更新。

(三)加大资源库的宣传力度

为了提升专业教学资源库的企业用户和社会用户数量,应大力加强对专业教学资源库的宣传,通过企业调研、校企合作、职工培训等多种渠道,宣传专业教学资源库,使更多的企业了解、使用专业教学资源库。在这个过程中,建设方在收集各方用户意见的基础上,进一步完善资源库,使其具有更广的适应性和更强的针对性。

四、资源库后期建设方向

(一)深度加工素材,服务混合式教学

为适应不同层次、要求和来源的学习者,教师应根据需要对资源库素材进行深度加工,并以不同的方式进行组合,以适应不同学习者的需要。同时为了服务更多的学习者,应进一步建设 MOOC(慕课)资源,使学习者能不受时间和空间的限制,灵活安排时间,自主完成课程内容学习,为线上线下混合式教学的开展奠定基础,切实服务学习型社会的构建。

(二)开发精准搜索,构建学习地图

为了提升资源利用率,便于用户便捷地搜索出想要的资源,建设方在上传资源的时候应通过若干个关键词对资源精准命名,除描述资源的主要内容之外,还应标明所适用课程的名称、所支撑的课程内容,使用户得到更好的体验感和更强的获得感。在此基础上,根据对应行业技术技能人才的成长过程和技术技能的提升路径,构建学习地图,将其展示在专业教学资源库显眼的位置,帮助学习者在第一时间理清学习脉络。根据自身情况,明确学习和培训的方向、需要查找的缺项和不足,从而以此为依据,选择合适的素材资源,有序、高效地开展学习。

(三)发挥集聚效应,服务专业群学分认证

专业群教学资源库是专业教学资源库的发展方向之一。在职业院校大力建设专业群的背景下,应打破专业壁垒,以专业群为单位建设教学资源库,使专业群内不同专业的学生能在更大的范围内选择自己需要的、感兴趣的课程,为学习者提供更多的可能,以此为基础拓

宽学生的专业面和就业面，切实服务于专业群内学分认定与转换的需要。

五、结论

专业教学资源库建设遵循“一体化设计、结构化课程、颗粒化资源”的原则，教师根据教学目标和教学对象进行整体构思，继而对颗粒化的素材进行深度加工、二次组合，实现定制化设计，以更好地服务学习方式的转变和学习者的需要。职业教育专业教学资源库建设是前提，而充分使用才是资源库建设的根本目的，必须以支撑职业教育高质量发展为中心，后期建设应进一步扩大专业覆盖面，侧重职业培训资源的开发，突出职业性，彰显劳动性，切实服务于高素质技术技能人才全职业生涯周期培养。

参考文献

[1] 徐坚.促进教师参与治理：职业教育专业教学资源库的改革方向[D].上海：华东师范大学，2020.

[2] 冯丽丹.技能型社会背景下高职院校专业教学资源库转型升级策略[J].教育与职业，2022(16)：102-106.

[3] 袁子薇，郎富平，陈添珍，张嗣.基于职业教育育训结合理念构建专业教学资源库的探索与实践——以智慧景区开发与管理专业为例[J].职业技术教育，2022，43(23)：69-73.

[4] 魏顺平，魏芳芳，宋丽哲.基于职业教育专业教学资源库的高职院校校际合作结构与特点分析[J].中国职业技术教育，2021(17)：31-40.

[5] 吕延岗，张强，霍平丽.我国教学资源库管理变迁、特征分析与发展策略[J].教育与职业，2021(04)：50-54.

[6] 徐剑坤，王恩元，刁丹阳，周蕊.矿业工程多专业融合数字场景体验式教学方法[J].实验技术与管理，2021，38(01)：202-206+216.

作者简介：

梁倩(1983—)，女，湖北武汉人，武汉电力职业技术学院副教授，研究方向：职业教育、热能发电技术。

沈青(1983—)，女，黑龙江牡丹江人，武汉电力职业技术学院高级工程师，研究方向：职业教育、电力系统及其自动化。

谢新(1970—)，男，湖北武汉人，武汉电力职业技术学院副教授，研究方向：职业教育、人才培养。

输电线路防雷措施

吴新辉　张家安

（武汉电力职业技术学院，湖北武汉　430079）

摘要：输电线路正常运行，是整个电网安全一个重要的环节。输电线路一旦遭到雷击，则有可能影响电网的安全稳定运行。本文对35 kV及以下电压等级小电流系统线路防雷、110 kV及以上电压等级大电流系统线路防雷所采取的措施进行了详细介绍。

关键词：雷击；输电线路；避雷线；接地电阻；避雷器

一、前言

改革开放40余年来，我国电网发生了翻天覆地的变化。过去居民家里常会发生没有电可用（拉闸停电）现象，有电的时候也只有几盏白炽灯。现在电气化已经走进千家万户，空调作为曾经的奢侈品已成为百姓家里的寻常电器。家家户户离不开电。整个国民经济的发展也发生巨大的变化，各行各业对电的需求成为常态化。由此对供电可靠性提出了更高的要求，其中输电线路的正常运行是其中重要的一环。此外，在35 kV以上电网中，约有50%事故是雷害造成的，可见，对线路的防雷应予以充分重视。

雷击一般分为直击雷、感应雷、沿输电线路入侵的雷电波。雷云直击对地面上的物体放电称为直击雷，这种雷击危害大。雷云对电力线路附近放电，由于电磁感应，在电力线路上产生雷过电压称为感应雷，电压一般为300～450 kV，因为35 kV线路冲击耐压约为350 kV，所以35 kV及以下电力线路的绝缘可能难以承受；110 kV线路雷电冲击水平约为700 kV，因此感应雷对110 kV及以上线路没有危害性。雷击架空线路或绕击线路，其中一侧雷电波会传到变电所，这种雷电波称为入侵波。

二、架设避雷线

避雷线又称架空地线，是大电流接地系统输电线路的主要防雷设施。除了防雷直击导线，避雷线对雷电流还有分流作用，通过减小流经杆塔入地雷电流，可以降低杆塔塔顶电位。由于避雷线对导线的耦合作用，输电线路承受的过电压会大大下降。

（一）35 kV及以下输电线路的防雷保护

35 kV及以下输电线路是小电流接地系统，一般不架设避雷线，因为线路电气距离小，绝缘水平低，架设了避雷线，防了直击雷，但反击时有发生，所以只在变电站的线路进线段架设避雷线。因电压等级低，线路架设的高度相对低一些，因此线路可能会受到周围建筑和树木的屏蔽，而遭受雷击的概率相对低一些，另外线间距离较小，一旦遭受雷击容易引起事故。所以，要加强配电网的防雷保护，采取的措施有：

(1)采用消弧线圈和自动重合闸进行防雷保护。由于配电线路也是采用中性点不接地系统，在线路设计时使线路成三角形排列，从而使上面一条线路具有避雷线的作用(上面一条线路遭受雷击接地，此时相当于避雷线的作用，从而保护其他两条线路)。

(2)改造时用绝缘导线替换裸导线，在固定绝缘导线的地方加强绝缘，并在绝缘子两端加装并联放电间隙，防止绝缘导线的绝缘层击穿。将更换下来的裸导线利用起来，改造成避雷线，对容易遭受雷击的线路加强保护。

(二)110 kV及以上输电线路的防雷保护

110 kV及以上输电线路，是大电流接地系统对应的输电线路，线路一点接地时，保护启动，断路器跳闸，为了减少雷击造成的输电线路停电，输电线路全线要架设避雷线。大多数情况下110 kV输电线路架设避雷线一根，在雷多或重要负荷的线路架设避雷线两根；220～500 kV一般架设避雷线两根，1000 kV特高压电压等级输电线路要架设避雷线三根。110～220 kV高压输电线路，避雷线与外侧输电线路的保护角大多为20°～30°；在500 kV及以上的超高压输电线路，避雷线与外侧输电线路的保护角大多小于15°；山区宜采用较小的保护角，保护角越小防雷效果越好。随着雷电活动强度超出过去多年的统计，且杆塔越来越高，超高压和特高压线路避雷线屏蔽失效导致的雷击闪络事故增多，工程设计中多采用减小保护角，特高压线路的保护角甚至为−7°，这一措施有效降低了雷击跳闸率。

三、降低线路杆塔接地电阻

对于通常高度的杆塔，降低线路杆塔冲击接地电阻是提高线路耐雷水平、降低线路雷击跳闸率最好的措施。

在土壤电阻率不高的地方，要好好利用铁塔、钢筋混凝土杆的接地电阻。在电阻率不低的地区，用通常方法很难降低接地电阻时，可采用多个水平接地体放射形安装，总数不超过6～8个，尽量对称分布；或连续延伸接地，或使用降阻剂，或适当换土。

接地装置主要由扁钢、圆钢、角钢或钢管组成，埋于地表下0.6～0.8 m处。水平接地体多用扁钢，宽度一般为20～40 mm，厚度不小于4 mm；或用直径不小于6 mm的圆钢。垂直接地体一般用20 mm×20 mm×3 mm～50 mm×50 mm×5 mm的角钢或钢管，长度2.5～3 m。需要确保避雷线、接地引下线、地网相互之间的良好连接。

杆塔的工频接地电阻一般为10～30 Ω，具体数值可按表1选取。

表1 线路杆塔的工频接地电阻

土壤电阻率/Ω·m	≤100	>100～500	>500～1000	>1000～2000	>2000
接地电阻/Ω	≤10	≤15	≤20	≤25	≤30

四、架设耦合地线

作为一种补救措施,在雷击故障发生较多线路的地点,可以在导线下方加装一条耦合地线。虽然耦合地线不能像避雷线那样防直击雷,但它具有一定的分流作用,同时还能增大线路耦合系数,所以能提高线路的耐雷水平,降低雷击跳闸率。

五、采用不平衡绝缘

土地资源越来越紧张,我们应该节省线路走廊用地,目前双回线路同杆架设的线路日益增多。为了避免双回线路遭受雷击,同时闪络跳闸停电的严重事故,可以采用不平衡绝缘的措施,使负荷重要程度相对高一点的回路三相绝缘子片数多于另一回路,在雷击时线路绝缘水平较低的那一回线路将先发生冲击闪络,甚至跳闸、停电。这样就保护了负荷重要程度较高绝缘子片数较多的一回线路,使之能够正常运行,不至于两回线路都停电,从而减少停电损失。

六、装设避雷器

一般在线路交叉处和在高杆塔上装设排气式避雷器,以限制过电压。在雷电活动强烈、土壤电阻率高或土壤电阻率难以降低的地方,装设线路金属氧化物避雷器。该避雷器由氧化锌阀片和串联间隙组成,并接在线路绝缘子两端,雷击造成线路绝缘子闪络,串联间隙放电,由于氧化锌电阻片具有良好的非线性电阻的限流作用(雷电流通过氧化锌电阻片时,电阻大大下降;流过工频电弧时,电阻大大增加),通常能在 1/4 工频周期内把工频电弧切断,断路器不必动作。

七、加强线路绝缘

由于输电线路个别地段需要采用大挡距跨越杆塔,这就增加了杆塔落雷的机会。高杆塔落雷时塔顶电位高,绕击的概率也较大,为了降低线路跳闸率,可以增加绝缘的片数,加大挡距跨越避雷线与线路之间的距离,以加强线路绝缘。

八、装设自动重合闸装置

由于输电线路的绝缘主要是空气和绝缘子,空气具有自恢复能力,大多数雷击造成的冲击闪络和工频电弧在线路跳闸后能迅速游离,线路绝缘不会发生永久性的损坏或劣化,因此装设自动重合闸的效果很好。据统计,我国 110 kV 及以上高压线路重合闸成功率高达75%~95%,35 kV 及以下线路约为 50%~80%。可见,自动重合闸是减少线路停电事故的有效措施。

九、结语

雷电造成输电线路停电事故超过50%，对雷电危害加以分析，针对输电线路雷击采取相应的防雷措施，可以抵御雷电的入侵，大大提高输电线路供电的可靠性和安全性，有力保障了我国国民经济的发展。

参考文献

[1] 赵智大.高电压技术[M].北京：中国电力出版社，2013.
[2] 常美生.高电压技术[M].北京：中国电力出版社，2012.
[3] 于永进，陈尔奎，赵彤.高电压技术[M].北京：北京航空航天大学出版社，2016.

作者简介：
吴新辉（1964—），男，大学本科，武汉电力职业技术学院教授。
张家安（1966—），男，硕士研究生，武汉电力职业技术学院副教授。

在高等数学的教学中培养大学生的能力与素养探索

吴发汉　熊桂芳

（武汉电力职业技术学院，湖北武汉　430079）

摘要：高等数学作为理工类和经管类专业的一门重要基础课，其任务不仅仅是传授必要的有价值的数学知识和方法，更重要的是培养大学生的综合能力和科学素养。本文主要从多年的教学实践出发，通过具体的实例，归纳和探讨了数学运算能力以及其他能力的培养方法和途径，强调了数学教育与哲学的关联性，以期培养高素质的各级各类专门人才。

关键词：高等数学；人才培养；运算能力；哲学思想

一、引言

高等数学是高等院校理工类和经管类专业的重要必修课程，定位为基础课或公共课。其知识目标是：为学生相应专业课和专业提供必备的数学知识，为学生深造打下坚实的基础。其能力目标为：(1)培养学生的运算能力；(2)培养学生的空间想象能力；(3)培养学生的逻辑思维能力；(4)培养学生用数学知识解决实际应用问题的能力；(5)培养学生自主学习的能力；(6)培养学生归纳总结和推广的能力。其素质目标为：培养学生具备一定的数学素养和科学素质，即能够用理性的、发展的、变化的眼光看待一切事物，用全面的、一分为二的思想分析和解决各种各样的实际问题。高等院校是全方位培养人才的场所，而人才培养是一个复杂的系统工程。笔者以为，高等数学课程在培养人才方面起着不可替代的重要作用。广大的数学教育工作者，在数学课程教学中，不仅要做好数学知识的传授，更应该注重培育学生的综合能力和良好的数学素质。现举例说明，为达成能力目标和素质目标而具体采用的教学方法与教学理念。

二、多题一解与一题多解以培养学生的运算能力

（一）关于多题一解

$$\lim_{x\to\infty}\left(1+\frac{1}{x}\right)^{x}=\mathrm{e} \qquad ①$$

式①是两个重要极限中第二个重要极限，是高等数学的重要公式。令 $\frac{1}{x}=t$，即 $x=\frac{1}{t}$，

$x \to \infty$时，$t \to 0$。

代入式①得

$$\lim_{t \to 0}(1+t)^{\frac{1}{t}}=e \qquad ②$$

式①是原型，式②是式①的变形即变化式，式②本身也是公式。在实际解题应用中，式②其实更方便、更好用。看下面的三个例子：

例 1　计算极限$\lim\limits_{x \to \infty}\left(1+\frac{5}{x}\right)^{x}$

解：令$\frac{5}{x}=t$，则$x=\frac{5}{t}$，$x \to \infty$时，$t \to 0$。

代入，有

原式$=\lim\limits_{t \to 0}(1+t)^{\frac{5}{t}}=\lim\limits_{t \to 0}[(1+t)^{\frac{1}{t}}]^{5}=e^{5}$

例 2　计算极限$\lim\limits_{x \to 0}(1-8x)^{\frac{3}{x}}$

解：令$-8x=t$，则$x=-\frac{t}{8}$。当$x \to 0$时，$t \to 0$，代入，有

原式$=\lim\limits_{t \to 0}(1+t)^{\frac{-8*3}{t}}=\lim\limits_{t \to 0}[(1+t)^{\frac{1}{t}}]^{-24}=e^{-24}$

例 3　计算极限$\lim\limits_{x \to 1}x^{\frac{1}{x-1}}$

解：原式$=\lim\limits_{x \to 1}(1+x-1)^{\frac{1}{x-1}}$，令$x-1=t$，当$x \to 1$时，$t \to 0$，代入，有

原式$=\lim\limits_{t \to 0}(1+t)^{\frac{1}{t}}=e$

以上三个例子，从形式上看似乎不太一样，具有“个性”，但仔细审题发现存在“共性”。即都属于“1^{∞}”型极限问题，其运算结果一般跟数 e 有关，除了知道公式①可以运用外，更要尝试用变化式即公式②，这样的思路和解决方法很多教科书也有所忽略。通过像这样的多题一解的教学，可以促进大学生发现问题、分析问题和解决问题的能力，更重要的是能从不同的现象看到事物的本质，这里面也蕴含着深刻的哲学道理。即看待任何事物不能被不同的表象所迷惑，要能看到表象背后的实质。

(二)关于一题多解

例 4　计算极限$\lim\limits_{x \to \infty}\left(\frac{x+2}{x-3}\right)^{x}$

分析：括号里面的极限显然是 1，指数 x 是无穷大，所以本问题也是“1^{∞}”型，其运算结果也应该与 e 有关。仔细研究发现有三个方法可以尝试：

解法一　因为$\frac{x+2}{x-3}=\frac{(x-3)+5}{x-3}=1+\frac{5}{x-3}=1+\frac{1}{\frac{(x-3)}{5}}$

令$u=\frac{x-3}{5}$，则$x=5u+3$。当$x \to \infty$时，$u \to \infty$代入，有

原式$=\lim\limits_{u \to \infty}\left(1+\frac{1}{u}\right)^{5u+3}=\lim\limits_{u \to \infty}\left[\left(1+\frac{1}{u}\right)^{u}\right]^{5} \times \lim\limits_{u \to \infty}\left(1+\frac{1}{u}\right)^{3}=e^{5} \times 1^{3}=e^{5}$

解法二　令$\frac{5}{x-3}=t$，则$x=\frac{5}{t}+3$。当$x \to \infty$时，$t \to 0$，代入，有

原式$= \lim\limits_{t\to 0}(1+t)^{\frac{5}{t}+3} = \lim\limits_{t\to 0}[(1+t)^{\frac{1}{t}}]^5 \cdot \lim\limits_{t\to 0}(1+t)^3 = e^5 \times 1^3 = e^5$

解法三　原式$= \lim\limits_{x\to\infty}\left(\dfrac{1+\dfrac{2}{x}}{1-\dfrac{3}{x}}\right)^x = \lim\limits_{x\to\infty}\dfrac{\left(1+\dfrac{2}{x}\right)^x}{\left(1-\dfrac{3}{x}\right)^x} = \dfrac{\lim\limits_{x\to\infty}\left(1+\dfrac{2}{x}\right)^x}{\lim\limits_{x\to\infty}\left(1-\dfrac{3}{x}\right)^x} = \dfrac{e^2}{e^{-3}} = e^5$

此法须利用原型的变化式

$$\lim_{x\to\infty}\left(1+\frac{k}{x}\right)^x = e^k \quad (k\text{ 为非零实常数})$$

本问题的三种解法各有千秋,第一种解法是利用第二个重要极限的原型,第二种和第三种解法都是用原型的不同变化式,最终结果一样,可以说是殊途同归。特别推荐第三种解法,相对简洁易懂。

适时适度地采用一题多解的教学方式,能开阔学生的视野,激发学生的学习兴趣。这种方式以其灵活转换、多向探索、发散思维为特征,使学生认识事物逐步深化,对开发学生智力和培养学生的运算能力将起到积极的作用,有事半功倍的效果。

在高等数学的课堂教学实践中,有意识地进行一题多解和多题一解的教学方法的尝试,都能提高教学效率,对培养大学生的运算能力乃至综合能力一定大有帮助。

三、通过归纳和总结推广以培养学生的探索能力及科研能力

设 k 为非零实常数,$y=f(x)$是满足极限存在、可导、可积的初等函数,显然有下列运算性质:

(1) $\lim[kf(x)] = k\cdot\lim f(x)$

(2) $[kf(x)]' = k\cdot f'(x)$

(3) $\mathrm{d}[kf(x)] = k\cdot \mathrm{d}f(x)$

(4) $\int kf(x)\mathrm{d}x = k\cdot\int f(x)\mathrm{d}x$

(5) $\int_a^b kf(x)\mathrm{d}x = k\cdot\int_a^b f(x)\mathrm{d}x$

上面五个运算性质,用唯物辩证法的观点说,就是每一个性质带都有个性,因为它是讲的不同运算,但是五个性质在一起明显具有共性,于是观察上述五个运算性质可以归纳出一般结论——共性。

定理　设 G 是微积分学中的高等运算,$y=f(x)$是满足所有运算条件的初等函数,k 是非零实常数,那么有 $G[kf(x)] = k\cdot G[f(x)]$。即某函数的非零实常数因子在进行某高等运算 G 时可提到运算式之外。比如:

例 5　证明不定积分基本公式 $\int a^x\mathrm{d}x = \dfrac{a^x}{\ln a}+C \quad (a>0, a\neq 1)$

证法一(比较好的方法)　因为右边的导数 $\left(\dfrac{a^x}{\ln a}\right)' = \left(\dfrac{1}{\ln a}\cdot a^x\right)' = \dfrac{1}{\ln a}\cdot(a^x)' = \dfrac{1}{\ln a}\cdot a^x\ln a = a^x$,所以,根据不定积分的定义可知 $\int a^x\mathrm{d}x = \dfrac{a^x}{\ln a}+C$ 成立。

证法二(不好的方法)　因为右边的导数 $\left(\dfrac{a^x}{\ln a}\right)' = \dfrac{(a^x)'\ln a - a^x(\ln a)'}{(\ln a)^2} =$

$\frac{a^x\ln a \cdot \ln a - a^x \times 0}{\ln^2 a} = \frac{a^x \ln^2 a}{\ln^2 a} = a^x$，所以，根据不定积分的定义可知 $\int a^x \mathrm{d}x = \frac{a^x}{\ln a} + C$ 成立。

证法一善于用定理，简明、方便。证法二是部分同学的做法，显然对一般结论不熟悉，做法相对烦琐。我们解决数学问题或其他应用问题应该选择最恰当的方式方法，尽可能用最简单的方式解决。将简单的问题复杂化肯定是不好的——因为影响了运算能力的提升。

四、坚持启发式教学方法，精讲多练以提升学生的运算能力

启发式教学方法，是指教师在教学过程中依据教材的内在联系和学生的认知规律，由浅入深、由近及远、由表及里、由易到难地逐步提出问题、解决问题，引导学生主动积极自觉学习知识、培养能力的教学方法。启发式教学是教师启发学生思考的教学，强调的是启而不发，让学生去思考问题和解决问题。教师的角色是主导，学生是主体。如果教师采用注入式教学，学生只会死记硬背、照搬照抄、机械运算，运算能力就难以得到提高。反之，如果采取启发式教学方法，学生的能力就能得到锻炼。所以说，教师是否运用了恰当的启发式教学法是促进学生运算能力提高的重要条件。

用好启发式教学的关键，在于教师一定要深入研究教材，结合学生的实际情况，有针对性地采取最有效的手段，充分调动作为学习主体的学生的积极性、主动性，启发学生积极思考，人人动脑、人人动手，只有这样才能达成教学目的。所谓精讲，就是教师必须把每章每节的重点难点和关键问题讲清楚、讲透彻，切忌面面俱到、平铺直叙，而且要告诉学生重点是什么、难点如何突破，课前要有充分的设计，不仅是教学内容，连习题也要精心设计。多练也应该是在教师的引导下巩固精讲效果的练习，精讲与多练是相辅相成、辩证统一的关系。只有精讲和多练都做到位了，才能达成教学目的，才能在教学中有效地培养学生的运算能力，学生的综合能力才能得到提高。

五、利用数学建模活动培养学生用数学进行分析和解决实际问题的能力

传统的数学教育注重理论，比较强调数学的逻辑性、严谨性、系统性和理论性，课堂教学重视抽象的数学概念，讲授各种解题的技巧，学生们运用数学的意识比较薄弱，当然很难谈得上运用所学的数学知识去解决实际应用的诸多问题。而数学建模这门课程产生的根源，就是想解决学有所用的问题。学生所学的数学知识，诸如微积分、几何、概率论与数理统计、图论、线性规划等知识，在建模的过程中，应该尽可能运用到解决实际问题中去。学生有意识地把建模对象与所学的知识联系起来，不断体会数学在解决实际问题的过程中所带来的快乐，并真正领会数学的价值所在。下面举一个背景知识为电路基础的建模案例——n 级混联电路问题。

（一）问题的提出

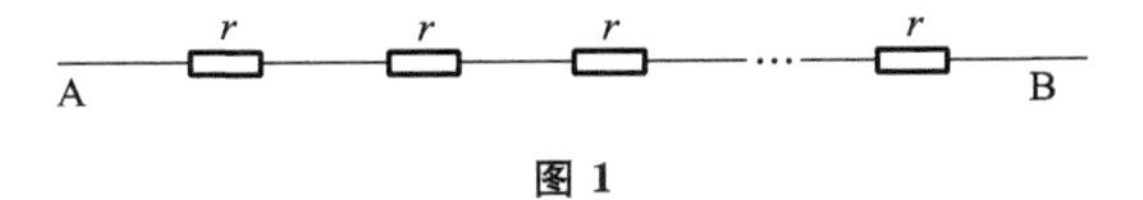

图 1

n 级串联电路的总电阻

$$R_{总}=nr$$

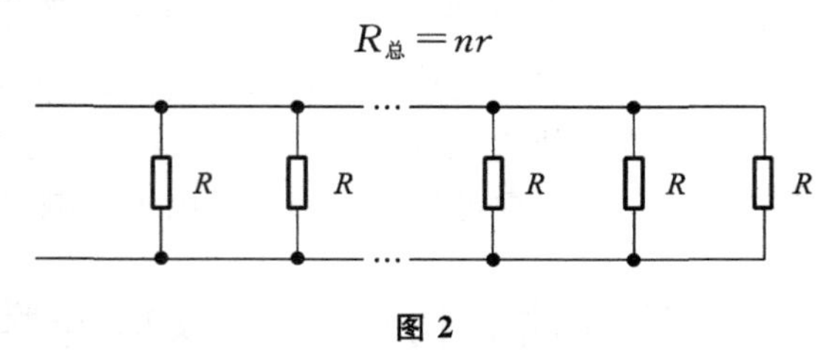

图 2

n 级并联电路的总电阻

$$\frac{1}{R_{总}}=\frac{1}{R}+\frac{1}{R}+\cdots+\frac{1}{R}=\frac{n}{R}$$

$$R_{总}=\frac{R}{n}$$

对于一类 n 级混联电路(如下图)或"无穷多"个支路的这类电路,如何求其总电阻呢?

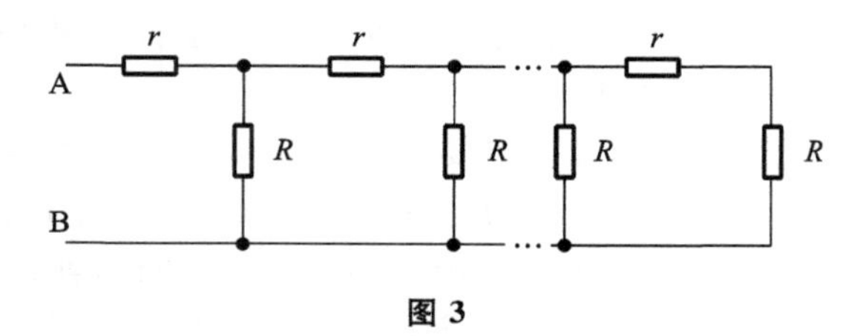

图 3

(二)问题的解决

从 $n=1$ 时开始研究,不妨假设此时的总电阻为 R_1,显然 $R_1=r+R$。

当 $n=2$ 时,设此时总电阻为 R_2,可知 $R_2=r+\dfrac{R_1\cdot R}{R_1+R}$。

当 $n=3$ 时,设此时的总电阻为 R_3,可知 $R_3=r+\dfrac{R_2\cdot R}{R_2+R}$。

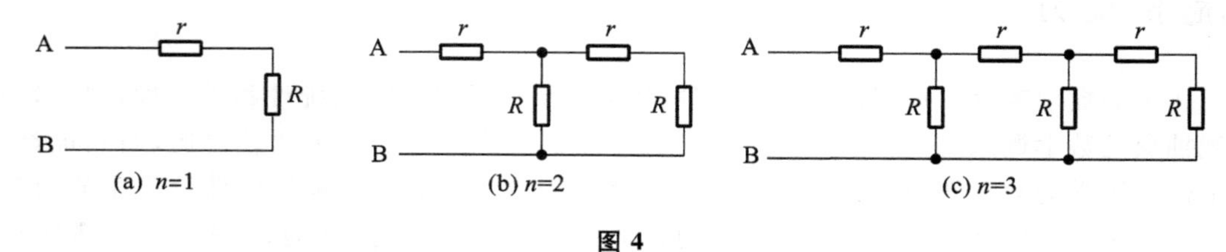

图 4

以此类推,可以得到 n 级混联电路的总电阻

$$R_n=r+\frac{R\cdot R_{n-1}}{R+R_{n-1}} \tag{③}$$

假设 $n=100$,$r=1$,$R=1$。

式③可用 Matlab 软件编程如下:

```
R(1)=2;
r=1;
a=1;
for  i=2:100
```

```
R(i)=r+a*R(i-1)/(a+R(i-1));
end
format  rat  %  (数据显示格式,化为分数)
R
```

(运行)结果为:

$2, \frac{5}{3}, \frac{13}{8}, \frac{34}{21}, \cdots$

"无穷多"支路的情况:

由公式③可知

$$\lim_{n\to\infty} R_n = r + \frac{R \cdot \lim\limits_{n\to\infty} R_{n-1}}{R + \lim\limits_{n\to\infty} R_{n-1}}$$

显然 $\lim\limits_{n\to\infty} R_n = \lim\limits_{n\to\infty} R_{n-1}$,设其为 x,则有 $x = r + \frac{R \cdot x}{R + x}$。

解方程,$x^2 - rx - Rr = 0$,得

$$x = \frac{r + \sqrt{r^2 + 4Rr}}{2} \left(x = \frac{r - \sqrt{r^2 + 4Rr}}{2} < 0, (舍去) \right)$$

即

$$\lim_{n\to\infty} R_n = \frac{r + \sqrt{r^2 + 4Rr}}{2}$$

特别地,当 $r=R=1$ 时,$\lim\limits_{n\to\infty} R_n = \frac{1+\sqrt{5}}{2} \approx 1.618$。

计算的结果可以解释为当支路是"无穷多"时,n 级混联电路既不会像 n 级串联电路那样,总电阻无限大;也不会像 n 级并联电路那样,总电阻无限小,其最终将趋向于一个固定的值。

本题是笔者在对学生的培训实践中讲授过的一个建模经典案例,它巧妙地把电学中的串联、并联、混联与数学归纳法、解一元二次方程、极限结合起来。该案例充分体现了学会用数学思想进行分析和推理的重要性。

数学建模就是联系数学理论知识与各种实际问题的一座桥梁,学生通过不断地建模训练,可以增加数学应用的意识和能力,帮助学习者学会用数学知识分析问题,使复杂的问题简单化,抽象的内容形象化,动态的内容可视化。

六、把辩证唯物主义的观点和方法融入高等数学课程的教学活动中

数学课程的开设,之所以从小学一年级一直延续到大学一年级甚至大学二年级,是因为数学课的任务不仅是传授数学知识,更重要的是培养学生的综合能力和科学素质,它关系到一个民族的素质、一个国家的国民素养,也就是影响人口的质量问题。数学通过个性发现共性,通过现象抓住本质。比如,变速直线运动的速度、曲线的切线斜率分别是物理学和几何学中的不同问题,表现出不同的个性,但是它们有一样的共性即函数的变化率,提出共性就得到函数导数的概念,并形成相关理论。运用这个理论还可以解决一些带有共性的问题,如

经济学中的边际收入、边际成本、边际利润等问题。数学的基本逻辑就是要能从特殊过渡到一般,从一般能够得到特殊;是要用普遍的联系的观点看待一切事物和人,包括解决数学问题本身。数学中的换元、化归思想、数形结合等都是唯物辩证法在数学课程中的重要体现。从事数学教学的教育工作者要积极地运用古代哲学和现代哲学的思想体现来帮助学生们理解和解决具体的数学问题,以此来提升大学生运用数学知识和数学方法分析问题及解决问题的能力。

比如,教师在课堂上讲解和差化积以及积化和差公式的时候,学生常常不理解公式,很难记住。虽然是高中数学公式,但是在学习高等数学的微积分部分时,仍需用到。所以说,公式本身很重要。和差化积与积化和差一共有八个公式,其中:$\sin\alpha+\sin\beta=2\sin\frac{\alpha+\beta}{2}\cdot\cos\frac{\alpha-\beta}{2}$。这是和差化积的第一个公式,其严格的理论证明暂且不讲,如何理解和记忆公式本身是重点。这个公式左边是和差,右边是乘积,右边两个三角函数里面都有“$\frac{1}{2}$”,前面恰好有 2 倍,即它们是调和的,和中国古代哲学思想“中庸”相一致,就是说这里面有哲学思想的元素。这样一说,学生必然印象深刻,有利于提高运算能力以及提升科学素养。

再比如,对微积分的基本性质 $\left[\int f(x)\mathrm{d}x\right]'=f(x)$ 的解释为 $\frac{a\cdot b}{b}=a$ 或 $\frac{a}{b}\cdot b=a$。就是说,先乘再除还原,或者先除再乘还原,所以说先积分再微分也是还原。用哲学的观点说,事物是普遍联系的,一定要用联系的观点看问题,切忌用孤立、静止的观点看问题。运算规律也是普遍联系的,可以解释为互为逆运算的两个运算同时进行,结果是还原,即运算规律具有同一性和统一性。

还比如,在讲常微分方程中一阶线性非齐次微分方程 $y'+p(x)y=Q(x)$ 的求解公式 $y=\mathrm{e}^{-\int p(x)\mathrm{d}x}\left[\int Q(x)\mathrm{e}^{\int p(x)\mathrm{d}x}\mathrm{d}x+C\right]$ 时,学生普遍觉得有困难,方程不会解,通解公式不理解,更记不住。这个公式是用积分的方式表达的,里面有以 e 为底的指数函数,因为以 e 为底的指数函数在自然界最常见。前面指数是有负号的,后面的指数一模一样,但它是正的。这在中国古代哲学名著《易经》里称为阴阳之道。注意,阴(即负的)在前,阳(即正的)在后。阴阳是一对矛盾,也和唯物辩证法中的对立统一规律相吻合,它们暨是对立的,又统一在一个公式里面,从而构成了一个完整的事物——一阶线性非齐次微分方程的通解公式。

总之,数学与哲学这两个学科本身存在着千丝万缕的联系,数学讲究辩证法,数学中很多常数比如圆周率、三角形内角和等都体现了变中之不变、万变不离其宗,表现了事物的共性。数学教育工作者在高等数学的教学过程中要时时刻刻充分运用唯物辩证法的思想精髓,努力使之成为一种培养学生综合能力及科学素质的有效方法。

七、结语

中国科学院院士,著名数学家李大潜教授曾说,“数学教育本质上是一种素质教育”。

数学思维是人类发明创造的源泉和动力。优秀的数学教育是对人理想的思维品质和思辨能力的培养,是聪明智慧的启迪和潜在能动性与创造力的开发,对人类的素质有重要影响,它使人成为更完全、更丰富、更理性、更有力量的人。

参考文献

[1] 魏玉成.试论高职学生数学应用能力的培养模式[J].当代教育论坛,2010(11).
[2] 龙华彬.数学教学中如何培养学生的运算能力[J].黔东南民族师范高等专科学校学报,2005(6).
[3] 陈丫丫.在高等数学教学中培养学生的辩证思维能力[J].太原大学教育学院学报,2008(6).
[4] 张文俊.数学欣赏[M].北京:科学出版社,2011.
[5] 陈水林,易同贸.高等数学[M].武汉:湖北科学技术出版社,2007.
[6] 刘喜玲,陈留强,邹成.浅谈独立学院数学建模竞赛对大学生创新能力的培养[J].中国电力教育,2014(2).
[7] 耿凤杰,朱学敬,金剑.数学建模与学生综合素质的提升[J].中国地质教育,2009(3).

作者简介:

吴发汉(1963—),男,湖北武汉人,武汉电力职业技术学院副教授,理学学士,主要研究方向:高等数学及其应用。

熊桂芳(1972—),女,湖北武汉人,武汉电力职业技术学院副教授,理学硕士,主要研究方向:数学教育。

居家实践课程内容的探索
——以线上教学高职“机械检修技术”为例

彭婧　丁梦野

（武汉电力职业技术学院，湖北武汉　430079）

摘要：疫情期间，在线上教学的实施过程中，理实一体课程实践部分的开展对居家学习的学生是很大的挑战。为减少疫情对教学活动带来的影响，笔者从“学以致用”的本质出发，及时调整教学设计，不断完善教学环节，引导发掘学生身边可利用的家用电器、娱乐设备、代步工具、学生家庭所在地的线下资源等开展实践活动，探索出与自身课程紧密相关的实践方法和路径。这不仅巩固了所学知识、提升了技能，而且提高了学生学习专业的兴趣和自信心，进一步培养了学生遇到困难想办法解决的思维能力。现将实习模式的设计、实施及效果进行分析总结，以期为后期专业教育相关课程的教学方式提供借鉴和参考。

关键词：线上教学；高职；机械检修技术；居家实践

一、前言

2022年下半年，因疫情防控需要，我校学生学期中途放假回家。为了保证学生正常完成课程学习，我校开展了线上教学。在授课过程中，理实一体课程中实践部分的开展对居家学习的学生是很大的挑战。笔者主讲的机电一体化技术专业的核心课程“机械检修技术”也面临着学生返校方能将课程实践部分完成的问题，但是本着“学以致用”的出发点，将实践部分在能够满足课程培养目标的情况下，对学生居家进行实践学习的问题进行了探索和实践。

根据专业人才培养要求，“机械检修技术”课程主要讲解的内容是：①常用零部件的拆装工艺；②常见机械部件的形位误差检测与修配。能力目标是：①能检验普通机床零部件；②能维修普通机床；③会维修各种阀门；④会检修电厂辅机机械。本着“学以致用”的原则，笔者决定对“机械检修技术”实践课程进行居家解决，要求学生检修家里的家用电器、家用机械及可利用的资源来完成实践任务。

二、“机械检修技术”教学实践内容开展步骤及效果

(一)收集学生检修的内容,做好总体性指导

为了让居家实践内容满足课程的教学能力目标要求,也为了把握实践过程的安全性,笔者提前收集了学生检修的具体内容。根据内容,可以看出同学们对家里的可实践资源做了一番详细的调查,也对自己的技术技能做了全面的评估。通过收集上来的项目名称,可以总结出以下几种检修内容:电风扇的检修、冰箱照明灯的检修、麻将机传送皮带的更换、电水壶的检修、自行车的检修,还有水电站碳粉的清理等。根据检修内容,笔者对学生做了总体性的指导,主要是安全方面和检修步骤。具体如下:

(1)拆装机器前必须关闭电源;

(2)注意安全,先看懂结构再动手拆卸,并按先外后里、先易后难、先下后上顺序拆卸;

(3)拆装过程中各相关零件不要乱丢,拆下的零部件要有秩序地摆放整齐,细小件要放入原位,或用专用容器放置;做到键归槽、钉插孔、滚珠丝杠盒内装;

(4)拆卸零部件中轴类配合件要按原顺序装回轴上,细长轴要悬挂放置;

(5)拆卸零件时不准用手锤直接敲打零件工作表面,以免损坏零件,如果确要敲打,必须使用较软材料进行衬垫,如铜棒、铝棒等;当拆不下来或装不上去时不要硬来,分析原因,(看图)搞清楚后再拆装;

(6)先拆紧固件、连接件、限位件(止定螺钉、销钉、卡圈、衬套等);

(7)拆卸前看清组合件的方向、位置排列等,以免装配时搞错;

(8)注意安全,拆卸时要注意防止箱体倾倒或掉下,拆下的零件要往桌案里边放,以免掉下砸人;

(9)在扳动手柄观察传动时不要将手伸入传动件中,防止挤伤;

(10)拆卸时注意油路密封和零部件上的机油滴漏,以免污染周围环境;

(11)检修完毕后机构复原,试验能否正常工作。如果不能,继续检修;如果可以,打扫场地。

(二)依据相似内容,组建小组互帮互助

根据学生检修内容的相似度,成立了不同的小组让他们对检修步骤、用到的工具、机器问题的产生原因、修复的方法等进行充分的沟通与交流讨论,也便于分享经验,为检修任务的顺利进行增加信心和支撑。事实证明,脱离了教学环境,在没有教师指导的情况下,充分的准备、要解决问题的决心和信心是努力做成事情的决定性因素。

(三)教师有针对性地为同学们答疑解惑

居家上课时,笔者引导学生互动讨论。课前收集同学们的“机械检修技术”实践中遇到的实际问题和任务,分析同学们的共性问题,选择合适的例子,要求大家在课堂上提交解决问题的计划,并分析各种解决问题的计划的差异,引导同学们发现这些问题和课堂内容之间

的联系,不断增加知识的储备,提升他们解决问题的能力。

(四)用PPT展示实践内容,相互学习,促进提高

每位同学将自己动手维修的内容和过程用图文并茂的方式展示汇报,并谈出自己的心得体会。这样的逐个汇报,对其他同学能力的提升也是一种很好的途径。当学生汇报自己的心得体会时,可以清晰地感受到他们由选题时的忐忑,到精心准备时的踌躇满志,再到修复成功后的自信满满这个心路历程,这对于提升他们学习专业的自信心起到了很大的帮助作用。

(五)教学效果的实现

实践表明,“机械检修技术”课程居家实践可以满足疫情期间的教学需要,完成了预期教学目标,取得了良好的教学效果。

(六)优化考评体系和教学内容

下课后,教师应结合学生的练习状况和在课堂当中的表现,给出合理的评价。首先,教师需要对学习稍好的学生进行肯定。一方面,倡导其在把握本课内容的基础之上,借助自学来拓展已有的知识;另外一方面,应该要求其领导好所在的小组,在帮助其他学生的同时,巩固自己现有的知识,为自己之后更好地学习奠定基础。其次,教师应该及时指出“机械检修技术”居家实践过程中部分学生存在的不足,帮助其明确要模仿的榜样。一方面,列举出这部分学生和优秀学生在学习方式上的不同,促使其结合自身情况,来改变所用的学习方式,以提升学习的效率;另外一方面,教师还应让这部分学生在表达方面的能力得到提升,尤其是在小组当中,应该敢于说出自己的观点,以缩小自己和优秀学生之间的差距。最后,教师需要通过重视学困生,让其感受到来自老师的关爱。教师需要给比较懒散的学生一些压力,让其能够知耻而后勇,赶上其他学生的学习脚步。针对缺少学习动力的学生,教师需要借助沟通的方式,充分了解其面临的困难,激发出其学习的热情。针对基础不好的学生,教师应该帮助其制订学习计划,让学生逐步对学习产生兴趣,进而形成较好的学习习惯。

三、结语

上网课期间,“机械检修技术”课程居家实践以及对课程实践内容的探索,虽然实践的对象和内容不同,但其本质上是用不同的器材来完成技术技能的学习和提升。它使学生掌握了工具的使用方法、拆卸方法、修复方法,并在实践学习中培养了学生的安全责任意识、工作责任心、质量意识,增强了学生的创新能力。

参考文献

[1] 罗建川.疫情防控期间生物学“线上+居家”实习模式的探索与实践[J].生物学杂志,2022(4).

[2] 代少军，林井祥，董长吉，等，疫情背景下采矿工程专业在线实习改革探索[J]．教育教学论坛，2021(20).
[3] 王时雨，雷红，陈志桥，常态化疫情防控形势下临床实习教学探索[J]．医学教育管理，2021,7(4).

作者简介：

彭婧(1981—)，武汉电力职业技术学院新能源技术培训部教师，副教授，高级工程师，主要研究领域：机械检修、风机安装调试、风机运维。

丁梦野(1968—)，武汉电力职业技术学院新能源工程学教师，高级讲师，高级焊接培训师，焊接高级考评员。

浅议基于数字化思维的技能人才培养模式研究

王涛

（国网湖北省电力有限公司技术培训中心，湖北武汉　430000）

指导人：何新洲

摘要：在公司进行数字化转型已成必然趋势的背景下，公司员工需要具备数字化思维和数字化应用能力，因而对公司数字化人才培训的需求与日俱增。本文通过对公司数字化转型中的技能人才培养挑战进行分析，结合公司技能人才培养工作实践现状，提出关于公司培训工作的数字化转型思考方向和基于数字化思维的技能人才培训模式的意见。

关键词：数字化思维；技能人才；公司；培训

当前，新一代信息技术正在引发数字化转型浪潮，数字化转型已成为顺应新一轮科技革命和产业变革的必然选择，以及应对国际竞争的需要。我国高度重视数字化转型和数字经济发展。习近平总书记指出："数字技术正以新理念、新业态、新模式全面融入人类经济、政治、文化、社会、生态文明建设各领域和全过程，给人类生产生活带来广泛而深刻的影响。"国家"十四五"规划纲要专门设置"加快数字化发展　建设数字中国"章节，对加快建设数字经济、数字社会、数字政府，营造良好数字生态作出明确部署。

公司在实施数字化发展战略、推进数字化转型过程中，需要构建数字化的企业管理与经营思维模式，推动企业内部生产与管理端数字化转型，提升数字化能力，加快数字化人才队伍培养，驱动企业高质量发展。技能人才队伍作为公司发展的基石，是数字化转型过程中的重要部分。近年来公司高度重视技能人才培养工作，从组织、师资、实训、资源、认证、技术等多个方面探索构建精益高效的技能人才培养体系。但总体来看，技能人才队伍总体素质与公司数字化转型需要仍存在较大差距，技能人才培养数字化转型工作质效仍待提高。

一、公司数字化转型中的技能人才培养挑战

（一）挑战一：数字化人才标准确定较困难，人才供给无法匹配技术迭代速度

数字化时代，技术快速更迭，"技术—人—企业"剪刀差不断扩大，这给组织确定人才标

准带来了相当大的挑战。当组织通过数字化转型快速抢占竞争市场之时，也是技术飞速迭代的爆发期，这对人才提出了更高的能力要求。比如中高层管理者需要具备诸如“理解数字化新技术的应用”“识别数字化人才”等能力。数字化专业人才需要具备大数据、云计算、物联网、移动5G、智能化等全新专业知识和技能，而这些能力往往又与组织早先熟悉的能力大相径庭。如果人才标准无法与时俱进，就难以获取和培养关键人才，导致数字化人才供给不足。

（二）挑战二：传统学习模式和学习内容设计难以满足员工发展需求，学习成果转化率低

目前，在技能人才培养方面，采用在岗培训、轮岗锻炼、行动学习、场景化学习、体验式学习等多种形式。这类培训周期较长、内容相对固化，而企业在数字化转型过程中，随着数字化建设不断深入，各种新技术、新架构、新概念不断出现，知识更迭速度加快，企业对岗位能力要求加速演变，员工的职业发展也发生变化，传统学习模式和学习内容不再适合企业和员工数字化转型发展的需求，导致学习成果转化率低。

（三）挑战三：新技术应用限于“工具”思维，没有构建数字化思维的人才培训环境

当前基于移动应用、在线学习的相关管理与学习系统均有使用，但仅着眼于学习内容、使用率、便利性等，仅仅将培训管理系统作为管理工具，为管理工作提供辅助。而没有将系统使用者的大数据模型进行分析梳理，从而形成对个人的精准描述，有针对性地开展学习；没有从思维模式上形成基于新技术、数字化思维下的新型管理体系；没有从数字化转型的角度构建基于数字化思维的培训管理理念和管理体系，以及打造数字化培训能力。

二、公司技能人才培养工作实践

（一）现有管理体系深化研究培养方式，需要进一步融入数字化新思维

现阶段，公司技能人才培养工作，整体上按照培训管理“需求—计划—实施—评估”全过程管理。培训需求方面，基于技能人员的岗位工作需要，以应知应会为主导思想，建立岗位培训规范并引导培训课程开发、员工能力短板与培训需求分析，按照年度组级编制培训工作计划并推进计划实施，建立培训工作档案，按照柯氏四级评估模式重点开展一、二级评估，在三、四级评估方面缺乏有效管理模式。在培训结果应用方面，目前各单位正逐步将员工培训与岗位能级评价、工匠培育相结合，逐步提高员工参加培训的主动性。以上培训管理模式，整体上属于传统的基于岗位需求的供给侧主导模式。按照企业数字化转型要求和数字化管理思维特点，技能人才培养应在现有管理模式之中，充分融入企业数字化转型相关岗位需求，建立以岗位数字化能力为导向的融合学习、培训、考核、分析、反馈等于一体的培训体系。对培训师、参培员工、培训内容、培训方式等方面的能力与资源深入挖掘，对接数字化转型战略，修订相关内容，使其适应企业数字化发展的需求。

(二)培训新技术工具应用相对成熟,需要转型构建基于数字化思维的培训体系

公司在管理过程中,高度重视信息技术的应用。以作者工作单位为例,目前在人才培训培养的信息化应用方面,网络大学、“惟楚有才”等平台均实现“管理信息系统+移动应用管理”模式,以培训过程管理和员工在线学习为重点,侧重于工具支持和数据管理,并且在课程资源开放共享、线上线下培训相结合等方面,实现了新技术应用。如国家电网网络大学系统以培训管理员和学员为核心,以计算机管理端及移动端为主要入口,实现培训管理全过程,以及学员参加培训全过程信息的开放。“惟楚有才”涵盖电脑端和手机端两个终端,包括线上培训、线下培训、应知应会、资讯学习、微课学习、考试练习、积分管理、统计分析等九大核心业务。这些平台的搭建以现有管理体系为基础,对管理业务进行支撑,管理及使用人员仅将数字化当作工具,各系统的数据不能贯通,海量培训学员的学习数据没有进行分析使用,不同类型需求的数据量化标准无法确定,平台的课程长时间未进行迭代更新等,这些都需要基于数字化思维的培训体系进行改进。

三、培训工作的数字化转型思考

(一)数字化思维特点

数字化思维主要包括以下三个特点。

一是数据思维。移动互联网的应用产生了海量的数据,而不同的数据往往只能反映事物或事件的某一方面的特征,要从海量数据中找到所需的数据,通过数据发现其背后蕴含的逻辑并采取针对性的有效措施。

二是系统思维。视野不仅要专注于本行业,还要关注相关行业及更广阔的领域,形成系统思维和广域视角,能够接纳其他行业的优点及新技术、新模式、新生态,对行业内外各类问题进行系统思考,把握问题本质。

三是创新思维。有强烈的突破及创新意识。不因循守旧,突破常规思维的界限,以数字化的方法、视角去思考问题,大胆突破创新,依托大数据等技术手段完成对行业的创新。

(二)培训管理的数字化转型应用价值分析

推进公司培训管理的数字化转型,应从培训管理的各维度,全面分析培训管理价值提升要点。

一是基础设施建设从物理设施到数字化平台。当前培训需要大量的基础设施投入,如教室、投影、课桌椅、实训设备等实物设施,投入资金量大、周期长,调整幅度小,规划如果不准确很容易造成资源不足或浪费。而在数字化学习时代,基础设施变成了数字化学习平台,资金量投入小,边际成本低,并且可以根据业务发展情况进行灵活调整。

二是学习内容搭建从千人一课到千人千课。传统培训模式下,各类知识零散分布在不同培训项目中,培训学员想要精准地找到适合自己的内容,是非常困难的。同一个培训班里所有学员的学习内容完全一致,并没有充分考虑到学员差异化的需求。而数字化学习,通过数字化学习平台,学员可以根据自己的学习习惯、能力特征,来精准搜索学习的内容,由平台

来进行智能化的推送,做到千人千课,满足每一个人的个性化学习需求。

三是培训项目组织从单课混搭到一组学习活动。目前培训项目和培训班组织,采用多门关联松散的课程组成一个培训班。数字化学习可以采用线上线下相融合的OMO形式(online-merge-offline),它是一组学习活动,不同学习方式都是围绕同一个内容来进行,它能够使知识、技能与实践应用形成紧密的逻辑联系,达到真正学以致用的目的。

四是培训师资建设从职业讲师到人人为师。目前对培训质量提升主要依靠优质的师资队伍。而数字化学习更多采用微课、直播等形式,时间短、主题聚焦,呈现方式多样,对讲师的课程开发与呈现技能要求大大降低,实现从"专家生产内容(PGC)"到"用户生产内容(UGC)",达到人人为师。这也使得培训内容更加丰富多彩,更加贴近业务,更加实用。

五是培训过程管理从依赖人工到智能管理。传统培训中,大部分工作都要依赖人工方式进行。例如,需求调研、课程报名、开课通知、课后作业、后续评估等,工作量庞杂,数据统计困难。而数字化学习大部分工作可以通过系统平台来进行,提升了培训管理效率,并提供深度数据挖掘能力。

六是效果评估从简单数据统计到深度分析洞察。依托数字化学习平台,可以收集到大量的学员学习情况数据,通过大数据挖掘,将数据以可视化的形式表现出来,可以看到更深层次的学习数据、关联数据和不同坐标系下的数据分析,从而能够发现培训过程中的问题,为优化培训提供更好的参考及依据。

四、基于数字化思维的技能人才培养模式探索

基于数字化思维构建公司技能人才培养模式,应在现有管理体系之下,打破传统培养计划和管理思维,充分利用现有的数字化技术和平台,从对数字化人才的技能复合性要求、知识更新速度要求、创新意识要求出发,围绕整合重构技能人才培养能力体系,加快培养适应公司数字化转型需要的技能人才队伍,并重点从以下方面着手。

第一,提升员工培训需求的敏捷感知能力。在计划主导的培训管理过程中,应当基于数字化平台的支撑能力,针对企业新业务、新模式、新技术应用的变化,及时感知各专业技能人才的培训需求,以及根据基层员工对现场工作中知识、技能需求的实时反馈,获取培训员工需求,并快速组织资源开发和培训学习活动。

第二,建设复合模块化的课程体系架构。通过数字技术,整合跨专业、跨领域的知识,将大量隐性知识显性化。同时,利用大数据建立具有采集、汇聚、分析、应用等功能的辅助知识体系,以支撑不断进步与转化的知识技术。以场景为导向进行知识的模块化重组,呈现出复合型知识结构的特征。

第三,搭建以体验导向的资源开发平台。培训课程资源建设数量与质量并举,依托数字化平台的支撑能力,在培训资源开发需求、过程素材提供、使用效果等方面,以员工应用体验为导向,组织培训资源开发和更新优化,切实提升培训资源的可用性。利用数字化平台促进优质资源共享使用,精准推送,为员工提供私人定制化服务。

第四,打造开放共享的高质量师资队伍。推行内外结合、专兼结合的师资队伍体系,对内部培训师建立标准的选拔、培养与激励体系。基于数字化平台支撑,一方面,推进培训师资推广与资源共享;另一方面,在师资队伍建设模式上,进一步向基层优秀员工延伸,充分鼓

励优秀员工积极分享工作经验,并基于经验分享的过程记录和员工评价,及时发现潜在师资,推广人人为师的培训学习氛围。

综上所述,基于数字化思维的技能人才培养模式探索,应着眼于公司数字化转型对技能人才队伍需要,以数字化思维作引导,转变当前以计划为主导的培训管理模式和工具思维导向的新技术应用模式,推进基于数字化平台支撑培训管理数字化能力的构建,推进技能人才培养模式转型升级,加快公司技能人才队伍的高质量建设。

参考文献

[1] 刘华.电力企业技能型人才培养探索[J].安徽电子信息职业技术学院学报,2011(3).

[2] 刘明珠,林成虎,吴丹,李远宁.数字化电网发展背景下新员工培养探索[J].中国电力教育,2021(2).

[3] 赵志远.电力行业的数字化转型之路[J].网络安全和信息化,2020(2).

[4] 李卓.高技能人才培养模式改革研究[J].商业文化,2022(5).

[5] 韩潇,李吉莹.1+X证书制度下高技能人才培养路径探索[J].产业与科技论坛,2021,20(23).

[6] 王红敏,钟建民,张芳,等.潍柴集团“四位一体”高技能人才培养模式[J].企业管理,2022(2).

[7] 黄波,许雯雯,郜月.移动学习在员工培训数字化转型中的应用研究[J].湖南财政经济学院学报,2020(2).

[8] 马成廉,汪子翔,杨宏伟,赵妍.面向供电企业的高技能人才培养模式探讨[J].青年时代,2015(17).

作者简介:

王涛(1981—),男,硕士,湖北武汉人,武汉电力职业技术学院电网建设工程系主任,研究方向:变配电运维。

简析网络时代高校学生心理健康教育及管理模式

陶建武

（武汉电力职业技术学院，湖北武汉　430079）

摘要：在网络时代，大学生更容易受多元文化和思想的冲击，思想观念更趋复杂，独立性、开放性、个体性特征更加突出。同时，在高等教育的改革背景下，传统的学生管理模式已无法满足学生的需求，网络时代如何开展心理健康教育及学生管理成为高校教师思考的重要问题。本文将对网络时代高校学生心理健康教育的优势进行分析，探究网络时代高校学生心理健康教育遇到的问题，并提出网络时代高校学生心理健康教育及管理的有效策略，关注学生的心理健康，依托网络技术，将心理健康教育与学生管理工作相融合，转变管理工作模式。

关键词：高等教育；学生管理；心理健康

在竞争日益激烈的环境下，许多大学生对自身处境的不满、对未来的迷茫使其沉溺于网络中，逃离现实世界，导致学业荒废，不利于学生的发展。网络是一把双刃剑，将其应用到教育领域，既为教育、管理工作带来活力，给学生思想政治工作带来新的机遇，又给传统的教育管理工作和学生发展带来了较大的挑战，如何利用网络功能开展教育管理工作，成为高校学生管理工作研究的新课题。

一、网络时代高校学生心理健康教育的优势分析

（一）拓宽网络教育平台

互联网具有超越时空的特征，有着高速运转、自由开放的优势，任何人无论在何时、何地，都可以通过移动智能终端连接网络，搜索感兴趣的内容，主动进行学习。因此，在网络时代，大学生可以根据自身的实际情况，以互联网为桥梁学习心理健康知识。参与心理健康论坛，主动接受心理辅导，突破传统教育对时间和空间的限制。互联网在教育中的应用，拓宽了教育平台，使心理健康教育空间更加广阔，为学生提供了更加自由的学习交流场所，学生依托互联网进行心理健康知识的学习，接受心理健康教育与训练，能够凸显教育的选择性、即时性优势，实现自主学习，根据自身需要解决心理问题。

（二）丰富教育资源

依托大数据、云端可以实现海量信息的存储，将大数据、互联网、云计算等应用到高校教

育中,为心理健康教育提供丰富的资源,能够满足多元化教育的发展需要。网络信息内容涉及社会生产生活的方方面面,在互联网时代,学生借助信息的手段更加多样化,极大地拓宽了学习视野。在心理健康教育中,依托丰富的资源开展教育活动,并借助信息技术将文字、图片、动画等相融合,能够使心理健康教育更加生动,充分调动学生的多重感官,使学生对心理健康知识的印象更加深刻。同时,借助网络资源整合教育内容,能够突出心理健康教育的资源优势,高校可以利用大数据实现资源共享,形成教育合力。而大学生可以通过网络,聆听专家讲座、阅读心理学相关的名家著作、围绕心理健康相关话题与人讨论,提升教育的感染力。

(三)实现教育高效

在网络虚拟世界中,人与人之间没有身份、地位的差别,每个人都是相互平等的关系,符合大学生的心理特点。因此,依托网络开展心理健康教育,能够有效调动学生学习的积极性,增强自我教育。一方面,网络心理健康教育突出了生本教育观念,学生可以根据自身需要,主动选择知识,而不是传统模式下的被动灌输。另一方面,依托网络平台、社交软件,可以实现在线沟通,促进学生之间的互动交流,让学生了解自身存在的心理健康问题,并主动寻找解决方案,自我帮助、自我教育,从而提高心理健康教育的实效性。

二、网络时代高校学生心理健康教育遇到的问题

(一)市场经济飞速发展使学生管理工作面临考验

随着市场经济的发展,社会对人才的要求不断提升,而部分高校教育运行机制缺乏创新,教学观念、教育话语和教学方式依然停滞于十年前乃至二十年前,难以满足社会发展的要求。同时,高校扩招使得学生数量增多,学生管理难度增加,教育和管理工作面临改革创新,需要将学生管理部分职能转化为服务职能,创新管理方式。

(二)网络时代大学生心理健康教育面临挑战

当前,许多高校都建立了大学生心理咨询中心,增加了对心理健康教育的资金与人力投入,但大学生之间具有差异性,不同阶段、不同年级学生的心理问题都不相同,单一化的教育模式无法满足学生的需求。为此,高校要从个性化出发,基于学生在不同阶段面临的问题,有针对性地进行引导与疏导,加强对学生的心理健康辅导,向大学生普及心理学知识,让学生了解自身存在的心理问题,并能够主动化解,缓解心理压力,降低病态反应的出现,提升学生的心理健康水平。普通心理学与社会心理学是高校心理健康教育必修的两门课程,它们能够帮助学生掌握心理学的基础知识,进行自我调适,化解心理问题,从而减少问题的产生。

此外,大学生思想更加独立,学生的差异性、选择性增强,传统单一的管理模式存在诸多弊端,难以满足网络时代学生的发展需求,需要进行优化创新,学生管理工作面临新问题与新考验,高校要加强学生管理工作的针对性,改变原有的教育模式与管理模式,将心理健康教育渗透到学生管理中,依托网络构建新型管理方式,建立人性化的学生管理体制。

三、网络时代高校学生心理健康教育的管理模式

（一）坚持以学生为本的教育

在新时期，高校要做好学生管理工作，必须转变管理理念，管理者要树立为学生服务的意识，关心学生的发展情况，为学生的利益着想。为此，高校教师要树立生本教育思想，坚持以学生为本的教育，促进部分学生管理工作向服务工作转变，在管理过程中，突出学生的主体地位，让学生明确自身的义务和责任，明白在学校里享有什么权利，同时作为学生又应该尽怎样的义务。同时，教师要维护学生的合法权益，针对学生出现的问题，要从多角度分析其原因，做到程序正当、定性准确、依据明确、处理恰当。

此外，学生的心理健康是影响高校管理工作效果的重要因素，高校要将心理健康教育融入学生管理中，构建网络心理健康教育主阵地，依托网络将心理健康教育渗透到学生工作的方方面面，使学生积极配合教师工作。首先，学校要建立心理健康教育网站，以网络平台为纽带，开展网上心理健康讲座、心理健康征文、心理论坛等活动，以多元化的方式吸引学生参与，宣传心理健康知识。其次，高校要开设心理健康线上课程，将网络课程、在线咨询与线上辅导相结合，依托网络开展教育，为学生提供心理辅导，提高学生的心理健康水平，从而减少学生学习和生活中的问题，使学生管理工作的开展更加顺利。

（二）发挥学生的主观能动性

学生作为高校管理工作的主要对象，高校应采取有效举措促进学生参与管理工作的积极性，改变传统被动的地位，以学生为主体开展管理工作，增强学生的自我管理意识，消除学生的逆反心理，使学生积极配合学校工作，进行自我管理。为此，学生管理工作不仅要以校领导、班主任、辅导员为主导，也要以学生为中心，转换学生在管理中的地位，提升管理的积极性，培养学生的责任感，增强主体意识，从而提高学生的自我约束、自我管理能力，在管理中充分发挥学生的主观能动性，构建人性化的管理机制，促进学校管理水平的提升。

（三）注重学生人才队伍构建

人才是决定高校建设质量的关键因素，人才既包括科研人才和教学人才，也包括管理人才等。在新形势下，高校要注重学生人才队伍构建，打造高质量的管理队伍，以教书育人为主要任务，强化教育管理效果，培养专业素质高、心理素质强的学生。但在当前高校教育中，学生管理人员整体素质有待提升，人员的水平参差不齐，专业知识欠缺，往往根据经验进行管理，导致管理人才队伍的专业化程度低，为此，高校要注重学生人才队伍建设，培养专业化的学生管理人才，构建分工明确、责权清晰、合作有序的管理工作体制，并加强人才培养，运用现代化管理手段实施人才管理，促进高校管理工作科学化、制度化、专业化发展。

四、结语

总而言之，互联网的高速发展使学生的学习与生活发生了巨大的改变，高校要坚持以学

生为本的教育理念,发挥学生的主体能动性,注重学生人才队伍构建,依托网络构建新型管理模式,将心理健康教育渗透其中,为学生营造良好的学习环境,促进学生身心协调健康发展。

参考文献

[1] 吴燕燕.心理健康教育视域下高校学生管理模式创新探讨[J].江西电力职业技术学院学报,2021,34(12).

[2] 郑宝祥,梁雨晴.网络时代背景下的社交环境对高校学生心理健康的影响[J].长江丛刊,2019(32).

[3] 周亮."互联网+"背景下高校学生网络心理健康教育创新探索——评《网络时代高校心理健康教育的探索与实现》[J].中国科技论坛,2022,17(05).

作者简介:

陶建武(1971—),男,武汉电力职业技术学院讲师,电力系统及其自动化专业硕士研究生毕业,研究方向:电气工程,职业技术教育。

关于水电厂生产管理数字化转型的思考

唐佳庆

（国网湖北黄龙滩水力发电厂，湖北十堰　442000）

指导人：张德会

摘要：本文通过对国内水电厂生产管理数字化建设及应用情况进行调查研究，分析国网公司系统内水电厂生产管理现状，研究水电厂生产管理数字化转型新模式，为国网公司系统内水电专业生产管理提供新思路，并结合黄龙滩电厂实际情况，制定生产管理数字化转型总体架构及规划方案，推动水电厂生产管理创新，助力电厂全面数字化转型。

关键词：生产管理；数字化；智慧水电厂

一、引言

当前世界经济数字化转型是大势所趋，新的工业革命将深刻重塑人类社会。国民经济和社会发展“十四五”规划及2035年远景目标提出，要加快数字化发展，推进数字产业化和产业数字化转型，建设数字中国。

水电（含抽水蓄能）是清洁能源的重要组成，是未来能源物联网体系和新型电力系统中重要的一环。当前能源革命与数字革命加速融合，创新发展的机遇期稍纵即逝，推进水电生产管理数字化转型，驱动发展方式、生产模式和治理形态变革，成为推动电网和水电企业高质量发展的必然之选。

二、国内水电厂生产管理数字化发展情况

在水电行业内，智慧水电厂建设、水电厂生产管理数字化转型必要性已经达成了行业共识。长江电力公司、大渡河公司、国网新源公司等水电开发公司均在开展数字化、智能化、智慧化的研究和实践，引入数字化技术和理念为行业创新发展提供助力。

长江电力公司向家坝电厂开展“智慧电站”建设，已建成大数据中心，基于大数据的设备诊断及智能预警系统，基于大数据平台的一体化设备管理、生产计划管理、检修管理、应急响应管理、综合行政管理等系统。在长江电力公司范围内率先完成所辖电站、水电站信号标识系统编码建设工作，并完善与编制工作相关的技术标准文件。

国家能源集团大渡河公司开展智慧大渡河规划及建设,建立了集中统一的大数据中心,构建决策指挥中心(决策脑)和本部专业数据中心(专业脑);设立了大数据公司、大汇智联公司、大汇物联公司、大汇云智公司等科技企业,转岗员工从事水电智能软硬件产品研制及数据汇聚分析工作。

国家电投主要包括黄河上游公司和五凌公司两家水电企业。黄河上游公司在水电集控中心和“虚拟水电”研究、建设方面取得了一系列成果,并承建了国家电投集团大坝中心安全管理监控信息系统,实现了对15个省份137座水库大坝的集中监管。五凌公司水电智能化建设主要包括五凌电力智慧集控建设、五强溪扩机智能化建设、电力生产智能决策支持系统建设等。

国网新源公司开展数字化智能电站建设,从夯实智能基础设施、打造BIM数字化平台、搭载智能业务应用三个方面开展重点工作。仙居公司作为国网新源公司数字化智能电站建设创新基地,在现有计算机监控系统、机组状态监测系统、水工安全监测系统等系统的基础上,汇聚了各业务系统的数据,形成数据仓库。基于数据的统一管理,开发了系列模块化的智能应用,包括设备全息管理、设备状态评价、生产智能决策等应用场景。

当前,两大电网企业、五大发电集团、三峡集团、国投电力等均在推进数字化、智慧水电厂建设,数字化和智能化是行业发展共识。国内水电生产管理数字化的热点和重点主要集中在数据中心建设、统一平台构建、设备智能诊断预警决策等方面。从整体上看,国内水电厂数字化建设的各项试点工作正在有序开展中,部分已取得了很好的成效,但还没有建成完整意义上的数字化智慧水电厂。

三、国网公司系统内水电厂生产管理现状

目前国网公司所辖水电站数量众多、位置分散,安全管理责任重大。总部与下属各单位和水电厂的业务系统信息交互能力有待提升;水电厂内各系统相互独立,数据无法互联互通等“烟囱林立”问题普遍存在;水电业务信息化系统支撑能力不足,信息获取的实时性、完整性、便捷性亟待提升,不能满足公司系统内水电生产管理的业务管控和精益化管理的需求。

(1)在水库调度方面,面临水文预报精度不足、优化调度潜力有待进一步挖掘、泄洪应急响应能力有待进一步提高等问题。

(2)在发电运行方面,存在集控监盘依赖人工、设备分析工作量大、故障处置缺乏技术支撑;现场巡检部分数据需要人工抄表、即时性不足、巡检工作量大;“两票”管理的安全措施冲突辨识难、开票效率不高等问题。

(3)在检修维护方面,存在设备管理不精细,基础台账不完整;缺乏统一设备编码体系,设备台账信息碎片化;水电物资种类繁多,备品备件管理不系统等问题。

(4)在流程管控方面,大部分生产业务流程仍为人工签审批,存在部分信息化业务系统相互独立、数据无法互联互通等问题。国网水电生产管理系统(HPMS)为一级部署,数据接入国网公司数据中心,采用D+2模式,无法通过中台实现流程实时流转。

(5)在人才队伍方面,随着水电厂的机电设备日益精密、网络架构越为复杂,对员工的综合能力也有较高要求,需要相适应的人才满足应用开发、网络管理、设备运维、故障库收集整理等业务需要。

四、水电厂生产管理数字化转型支撑方案

(1)完善水电厂侧数字基础建设。立足云边协同模式,开展电厂本侧数据中心(一体化接入平台)建设,构建统一的数据模型,建立系统的水厂数据仓库,实现水电厂各子系统、物联设备及各级应用系统数据统一接入、统一管理、统一共享服务,并能上送至上一级中台(云平台)。

(2)建设生产实时全景管控模块。结合云计算、大数据、物联网等技术,采用三维建模、可视化等方式,建设基于数字孪生电厂的生产实时全景管控模块,构建涵盖水库调度、设备管理、人员定位、环境监测、作业管理、应急处置等功能应用,建立安全—可视一体化管理体系,实现全程管控的可视、可知、可控。

(3)推行全寿命—全息管理模式。构建统一设备编码体系,开展设备设计、采购、安装、调试、运行、维护、试验、报废全生命周期管理,实现设备基础资料、修试校台账、备品备件等全过程闭环管理。基于人工智能技术开展设备智能诊断分析预警决策,开展设备状态全息评估,全面实现状态检修。

(4)设计信息化通用审批流程。基于外网移动端微应用架构,设计信息化通用审批流程,具备用户自定义审批流程设计,满足水电厂生产管理各业务部门、单位线上移动办公审批要求。

(5)建立数字化转型柔性团队。在水电生产管理数字化转型过程中采用"揭榜挂帅""创新攻坚"等模式,立足问题导向、需求导向,成立跨专业、跨部门的柔性团队组织,打破"建系统的不懂专业业务,专业人员不懂系统建设"的固有格局,从内部挖潜力,培养复合型"数字化"员工队伍。

五、黄龙滩电厂生产管理数字化转型规划

结合黄龙滩电厂自身特点,在"十四五"及今后一个时期,数字化转型总体上将分两个阶段。到2025年,建基础、搭平台,初步实现生产及管理关键业务线上运转,基本建成"四精"一流智慧水电厂。依托厂一体化数据平台和省公司中台,构建以设备状态监测为主的感知体系和信息内网智慧水电应用、基于"i国网"的智慧水电移动应用,初步实现基础、关键、核心生产及管理业务全面线上运转、数据贯通。到2035年,增优势、创特色,实现基于数据价值应用的全量管理业务线上运转,全面建成"四精"一流智慧水电厂。实现数字技术和生产、管理业务全面融合,物理电厂和虚拟电厂优化互动,生产过程全面感知,设备系统智慧互联,各类数据要素融会贯通价值充分发挥,各类数据分析管理微应用创新发展,有力促进企业高质量发展。

(1)深化数字基础建设。推进生产数据接入及一体化管控平台建设,优化设计数仓架构,满足结构化、半结构化、非结构化数据存储,建立水电生产全景数据模型,建设资源整合、灵活调配、敏捷部署、快速响应的虚拟云化平台,完善平台统一权限、AI算法分析库、可视化工具、RPA流程自动化等公共服务组件,在满足常规水电生产管理应用的基础上,为后期各类生产辅助系统联动、数据贯通、高级应用开发提供可靠支撑。

(2)优化信息网络结构。建设符合“安全分区、网络专用、横向隔离、纵向认证”安全防护要求的全厂信息网络，利用5G+MEC技术构建全面覆盖、灵活接入、切片隔离、专网专用的无线接入网络。建设“边界安全、本体安全、数据安全、全面感知”的安全防护体系，为智慧水电数字基础平台提供全方位、全场景、全过程的网络安全保障支撑。

(3)提升终端感知能力。基于应用构建与业务需要，以实时全息感知水文、气象、建筑物安全状态、室内环境、设备运行状态、设备安全状态、人员活动等信息为目标，充分利用智能传感器、智能终端、智能设备、智能电子装置以及摄像头、定位装置以及RFID电子标签等技术手段，不断提升完善终端状态感知能力建设。

(4)推进生产应用开发。围绕生产六大核心业务领域，积极开展智慧运行、智慧检修、智慧水工、智慧防汛、智慧安全和智慧管理应用建设，深入推进“十大揭榜挂帅”攻关课题项目实施，着力打造以“电厂数字化、设备智能化、管控一体化、业务全景化、决策智慧化、管理精益化”特征的智慧水电厂。

(5)开展数据资产盘点。从管理、生产两个方面，开展企业全量业务需求分析、业务流程分析、数据资产盘点，对企业数据进行全面摸底，梳理识别数据资产，建立完善数据字典和数据标准模型，形成企业级数据目录体系和数据资产全景视图，推进数据有效归集，满足“数据一个源”要求，实现各类数据一次采集、共享使用，为数据运维和价值应用奠定基础。

(6)完善数据治理机制。按照“谁产生，谁负责”“谁校核，谁负责”的原则，明确数据产生、维护、传输、存储、使用等环节责任，深入开展全面数据治理，及时处理数据应用等各种方式发现的数据质量问题，实现数据同源、管理清晰、责任明确、高质保鲜，提升数据准确性和数据服务能力。

(7)强化数据安全管理。严格落实企业有关安全和保密工作的要求，完善数据负面清单管理机制，从人员、环境、技术和管理入手，建立从数据产生、流传、存储、应用等全过程的安全管控措施，以安全可控为前提，按照“谁经手，谁使用，谁负责”“管业务必须管安全”的原则，落实数据安全和保密责任，确保数据安全。

(8)深化中台推广应用。完善厂级一体化接入数据平台功能，根据SG-CIM数据模型统一数据标准，结合生产管理工作实际需要，将各生产业务系统、辅助系统数据全量接入省级数据中台，实现厂级数据平台和省公司中台数据共享融通。利用省公司中台业务中台、技术中台能力，充分发掘数据价值，创新数据应用。

(9)建设厂级、移动应用平台。开发建设基于厂级数据平台的智慧水电综合业务平台，构建信息内网智慧水电应用和基于“i国网”的智慧水电移动应用，分别作为信息内网和手机移动端的应用入口，实现各类应用统一规划、统一设计、统一标准、统一架构。充分采用微服务架构、敏捷开发模式实现各类应用共性服务沉淀、快速开发迭代。

(10)推进中台应用开发。加强数据资产价值挖掘，积极探索大数据在助力生产、经营、管理等各业务领域的创新应用。加强中台应用商店推广使用，形成“平台+应用”的创意孵化、应用开发、快速迭代模式。坚持“问题导向，需求导向”，围绕人、财、物等管理业务领域，基于省公司中台多业务数据查询贯通和微应用开发平台，积极开展管理业务智慧应用建设。基于“i国网”智慧水电应用平台，积极推进各类业务移动办公处理模式。

(11)推进水电生产管理系统贯通。依托省公司中台，推进国网部署水电生产管理系统数据落地贯通，实现工作票、技术监督、定期工作、设备台账等系统各类信息“一源录入，多处共享”。应用 RPA 流程自动化技术，推进“i 国网”生产技术数据录入模块在中台与水电生产管理系统的数据贯通，实现移动终端录入数据自动抓取对接上传生产管理系统。

(12)推进数字化班组建设。规范信息类班组设置、岗位设置和人员配置，配齐数字化班组所需软硬件。梳理班组基础台账、设备运维台账记录、设备运维作业相关信息，结合水电生产管理系统，实现管理的数字化、作业智能化、管理标准化，推进班组管理由传统的“业务管理”向“数据驱动”转变。加强“数字化”员工培育，推动员工数字素质能力持续提升。

六、结语

水电厂生产管理数字化转型是一项长期系统性工程，涉及水电厂生产经营的方方面面，其关键在于思想观念转型，要充分发挥组织体系统筹规划、组织协调作用和党建群团的引领带动工作机制，大力营造浓厚的“数字文化”氛围，倡导数字化转型新风尚，教育引导全员将思想认识统一到企业发展方向和业务发展需要上来，形成“用数据说话、用数据管理、用数据决策、用数据创新”理念共识，助推水电厂更快更好地完成生产管理数字化转型，进而更好地服务于新型电力系统建设，推动双碳战略目标的实现。

参考文献

[1] 张帆.智慧电厂一体化大数据平台关键技术及应用分析[J].华电技术，2017，39(2).

[2] 张毅，王德宽，刘晓波，文正国.水电厂数字化解决方案分析讨论[J].水电站机电技术，2018，41(2).

作者简介：

唐佳庆(1986—)，男，本科，高级工程师，国网湖北黄龙滩电厂检修分场副主任。

关于加快推进送变电改革发展的探讨与思考

费薇

（国网湖北送变电工程有限公司变电施工分公司，湖北武汉　430063）

指导人：俞斌

摘要：“十四五”期间，随着电网施工业务有序放开，省送变电公司电网施工业务发展面临不利局面，加上公司内部基础管理和赢利水平不高，企业竞争力亟待提升，存在改革的需求和内在动力。本文结合国网湖北送变电公司实际，按照“一体四翼”的发展布局和“四个转型”的发展路径，从加强新时代意识形态建设，“作风建设年”和“班组建设年”活动，以及构建新能源为主体的新型电力系统建设等方面，研究、探讨和思考关于加快推进送变电改革发展的。

关键词：变局；改革；特高压；意识形态；创新；新局

2021年，国家电网公司出台《关于落实省公司主管责任加强省送变电企业专业管理的指导意见》（国家电网基建〔2021〕116号），明确将省送变电公司定位为“电网建设主力队伍”“电网应急基干队伍”“电网运维支撑力量”“国际业务重要力量”，并要求各省公司根据这一基本定位，出台支持政策、强化规范管理，做优做实做精省送变电公司。国网湖北电力下发了《国网湖北省电力有限公司关于成立加强送变电公司改革发展工作专项机构的通知》（鄂电司建设〔2021〕51号），对湖北送变电改革发展提出了具体要求。

2022年年初，李生权董事长在省公司六届四次职工代表大会暨2022年工作会议上提出了如下工作要求：“要牢牢把握稳中求进工作总基调，持之以恒推进‘一体四翼’发展布局，坚持不懈落实‘五个不动摇’‘四个统筹好’‘六个更加注重’等原则要求，坚定电网转型、企业转型、数字化转型、市场化转型的‘四个转型’发展路径，锚定‘华中区域领先、国网第一方阵’目标，奋力推动新型电力系统和能源互联网企业建设迈上新台阶。”

一、湖北省送变电面临的形势以及发展现状

根据国家“双碳”目标和能源发展研究，预计“十四五”期间，电网基建市场增速将明显放缓，甚至逐步萎缩。随着电网施工业务有序放开，省送变电公司电网施工业务发展必然面临不利局面。“十四五”期间，计划建成投运“14交11直”特高压工程，湖北境内将投运输电线路合计5727公里，巨大的增量业务为省送变电公司稳定基建施工业务、增加运维业务份额、

优化好业务结构带来了难得机遇。

随着特高压、电铁配套等重点工程在湖北集中开工建设，作业面和风险点不断攀升，省送变电公司施工资源进一步摊薄，施工力量相对不足、产业工人整体素质不高、施工组织和施工方案标准化还未形成，现场安全管控压力进一步增大，加快落实改革和管理提升措施，提高安全管控水平，确保安全稳定局面，是当前面临的紧迫任务。同时，省送变电公司线路工程施工毛利率不高，变电施工、电缆施工、线路运维、应急抢修等高附加值业务占比仍然偏低，制约了整体盈利水平提升，经营压力持续存在，对送变电公司自身发展产生不利影响。但人心思变，因而存在着改革的需求和内在动力。

为贯彻落实国网公司和省公司的要求，紧紧围绕“四个转型”发展路径，国网湖北送变电公司严格按照《国网湖北送变电工程有限公司改革发展实施方案》制定的改革发展目标，着力进一步提升各专业管理能力，推动改革发展走深走实，切实取得更大成效，确保公司平稳有序发展。

二、关于加快推进送变电改革发展的几点思考

作为国网湖北送变电公司一员，我们对加快推进送变电改革发展有以下几点建议：

(1)坚定不移加强新时代意识形态建设，通过“深认识、实责任、强本领”，勇于开拓创新，不断求新求变、破立结合，切实凝聚人心和力量，筑牢改革发展思想根基。

一是认识要“深”，明确意识形态工作“为何抓”。意识形态工作是党的一项极端重要的工作。能否做好意识形态工作，事关公司的前途命运，事关全体职工的凝聚力和向心力，是大家“劲往一处使”的根本前提。二是责任要“实”，明确意识形态工作“谁来抓”。做好意识形态工作，关键在党，关键在党的各级组织。要紧紧扭住意识形态工作责任制这个“牛鼻子”，坚持全党动手抓意识形态工作。三是本领要“强”，明确意识形态工作“怎么抓”。党管意识形态工作是党的优良传统和基本经验，坚持党管意识形态就是要牢牢掌握党的对意识形态工作的领导权、主动权、话语权。要坚持发展导向，构建以正面宣传为主的舆论引导机制，营造齐抓共管的整体改革氛围。

(2)紧密结合“作风建设年”和“班组建设年”活动，深刻剖析党员领导队伍、管理队伍建设存在的问题，深入研判班组建设薄弱环节，以“高严细实快”为基本标准，坚持重心下移夯实基层基础，聚集改革发展基础力量。

一是选好“领头雁”。“宰相必起于州部，猛将必发于卒伍。”着力选好、培育好班组长队伍，配强班组技术员，激励工作负责人。在班组层级优选 2～5 名工作负责人作为重要培养对象，结合优绩优酬政策，提高工作积极性。二是用好“党建＋”。以特高压工程为重点，着力让“五个标准化”建设在项目党建落地。建立班组、党支部、工会协同工作机制，每月至少开展两次“红领讲堂暨工地夜校”，把时事热点、工作的难点和症结点作为课堂主题，促进思想素质、业务能力双提升；每月至少开展一次党员突击队活动，依托“党建＋”开展安全稽查、质量巡查、科技攻关等活动；每月至少开展一次劳动竞赛，以“比施工安全、比工程质量、比效率效益、比技术创新、比科学管理、创和谐工程”为主要内容，以赛赋能、以赛竞效。三是培育班组文化。着力培育“团结友爱、认真负责、精细严谨、求实创新、拼搏奉献”的班组文化，通过公司先进人物的示范引领，如国网首席专家、省公司劳模、四级工匠、公司劳模、“铁军先

锋”、金牌项目经理等,大力弘扬新时代劳模精神、劳动精神和工匠精神。

(3)紧紧围绕中央关于做好“双碳”工作的指示精神和2030年前碳达峰行动方案,加入以新能源为主体的新型电力系统建设“主战场”,研究送变电新能源发展战略,为改革发展提供不竭动力。

一是提升认识,加强学习。充分认识构建新型电力系统的重大意义,加强新型电力系统相关知识的学习储备,积极开展新型电力系统科技攻关,努力学习掌握新型储能、碳排放减控、有源配电网等新型电力系统关键技术制高点。二是强化合作,争取“入场”。加强科技创新工作交流,积极开展同地市公司、电科院、经研院等单位之间相互交流,以及同外部高校、研究机构、制造企业开展学习交流,有效发力寻找“着力点”,争取新型电力系统建设“入场券”。三是用好载体,激发活力。充分发挥“黄代雄”工作室等科技创新平台作用,推进科技成果转化,积极调动一线员工科技创新热情,激发新型电力系统建设的更大潜能。

三、未来展望

“不破不立”。站在送变电转型发展的新起点,要学会于变局中开新局,只要公司上下一心、团结奋进,朝着一个共同的目标顽强拼搏,一定能创造公司新的辉煌。

参考文献

[1] 张世飞.加强党对高校意识形态工作的领导:重要意义、关键领域与实现路径[J].贵州省党校学报,2023(1).

[2] 黄峥嵘.坚定不移做好新时代意识形态工作[N].湖南日报,2020-10-19.

作者简介:

费薇(1981—),女,大学本科、学士学位,高级工程师,现任国网湖北送变电工程有限公司变电施工分公司党总支书记、副经理。

服务双碳，关于供给侧电源结构体系的思考

李子寿

（国网湖北省电力有限公司发展策划部，湖北武汉　430077）

指导人：杜治

摘要：供给侧电源结构体系的优化在新型电力系统构建过程中是基础性、根本性的工作。未来我国电力弹性系数长期大于1成为大概率事件，电力负荷特性将更为复杂，同时在新能源装机超常规、跨越式发展趋势下，能源安全的主题愈加深刻，基础性、支撑性电源和灵活性、调节性电源的重要性越来越突出。本文聚焦这两类电源的代表——煤电与抽水蓄能，通过定性和定量分析，对煤电、抽水蓄能在我国特别是湖北电源结构体系中的功能定位、发展规模与空间布局进行研判，提出兼顾可靠性、经济性、清洁性的供给侧市场机制建议，为政府及能源主管部门决策电源有序发展，为电网企业决策网源协调发展，为发电企业评估项目投资提供参考。

关键词：电源结构体系；煤电；抽水蓄能；供给侧市场机制

推动“双碳”和构建新型电力系统，必须坚持“两个统筹”，统筹发展和安全，在守牢安全底线的基础上，实现更高质量、更有效率、更可持续的发展；统筹保供和转型，在保障电力可靠供应的前提下，积极推动能源清洁低碳转型。

本文聚焦供给侧电源结构体系重构，立足安全和保供，着眼发展和转型，以新能源规模化开发和应用为基础，提出以煤电容量效益置换新能源电量效益的煤电发展，统筹“削峰”和“填谷”效益、统筹负荷及新能源发展需求，来布局抽水蓄能的思路。同时本文还运用矛盾统一理论，探讨如何平衡电力供给侧可靠性、经济性、清洁性的“不可能三角”的矛盾。

一、研究背景与意义

电力行业碳排放占全社会碳排放的四成以上，电力减碳是实现碳达峰、碳中和“3060”战略目标的重中之重。以电力为中心带动能源系统低碳转型，联动工业、建筑、交通等全领域清洁发展，是“双碳”战略目标如期实现的必然选择。“双碳”战略目标的实现需要构建新型电力系统。新型电力系统是以确保能源电力安全为基本前提、以满足经济社会发展电力需求为首要目标、以最大化消纳新能源为枢纽平台、以源网荷储互动与多能互补为支撑，具有清洁低碳、安全可控、灵活高效、智能友好、开放互动基本特征的电力系统。新型电力系统构

建是一项长期、复杂而艰巨的系统工程,需要全行业加强全局谋划和顶层设计,在电力供给侧与电力消费侧两端同时发力。

从电力消费侧来看,新时期电气化提速发展,我国电能消费占终端能源消费的比重提升至27%左右,电气化指标位居世界前列。"十四五"时期及至2035年中长期,我国电力需求仍将持续超预期增长,但整体来看终端用能的电气化是一个循序渐进的过程,有着相对清晰的模式和实施方案,不会在短期内引起电力系统颠覆性的变化。

从电力供给侧来看,新型电力系统中一个重要研究对象是新能源,重要研究主题是新能源的接入与消纳,但新型电力系统的构建不能仅仅依靠新能源规模的倍增,煤电与抽水蓄能的作用不可或缺。近年来东北限电、美国得州大停电、英国"8·9"大停电等事故在新能源超常规、跨越式发展的大潮中敲响了保障电力供应安全的警钟。保障能源电力安全,切实把能源饭碗牢牢地端在自己手里,需要煤电与抽水蓄能为新型电力系统"保驾护航"。同时,正确处理煤电发展、煤炭消费与绿色低碳转型的关系,正确处理抽水蓄能发展、容量电费纳入输配电价回收与降低电价诉求的关系,必须对两类电源的功能定位、发展规模和空间布局有明确的判断,必须以全局站位、系统视角,准确把握供给侧电源结构的调整节奏,为新型电力系统的建设掌好舵。

湖北电网作为南北互供的枢纽、全国联网的中心,疫后重振电力需求将增长强劲,铁水多式联合电煤运力充足,大型优质抽水蓄能站址富集。近年来一批支撑性清洁煤电有序推进,一批多能互补新能源基地加速建设,一批抽水蓄能电站积极储备,多条特高压输电通道即将投运。同时,湖北电网也存在煤电发展受限、三峡水电大规模外送、新能源出力特性受气候影响较大、清洁外电竞争激烈等现实问题,面临着严峻的保供形势和清洁能源占比高的目标之双重压力。作为湖北电网的建设者,有必要超前谋划、靠前指挥,为湖北电源结构体系的优化调整定好调、把好关,确保新能源能接入、能消纳,区外电力送得进、落得下,支撑性调节性电源上得足、用得好。

二、研究现状及趋势

在顶层设计上,国网湖北省电力公司近三年来锚定能源安全特别是电力安全这一湖北全局性、战略性问题,开展了"湖北2050年能源保障战略研究""湖北电网远景形态深化研究"等系列顶层规划工作,同时针对三峡电力留存湖北迫切性愈加突出、区外清洁电力竞争愈加激烈的现实情势,积极推进"三峡电力在湖北的消纳方案研究""新型电力系统背景下湖北电网消纳外电策略及第三回直流落点研究"等专项课题。围绕新型电力系统构建,为进一步明确湖北电网在"双碳"战略目标下的重点任务、实施路径和保障措施,我们策划了"湖北能源行业碳达峰、碳中和战略目标及实施路径研究"课题。

在实施层面上,为确保湖北省电力系统网源协调发展,国网湖北省电力公司密切关注、组织推进了宜城电厂等一批支撑性煤电,以及武穴风光储等新能源一体化基地项目的系统研究与论证工作。目前,我们正积极开展对全省抽水蓄能优化布局的研究和"三地一区"引入第三回直流的系统论证工作,为湖北电网科学应对"五期汇聚"发展形势,引领华中区域新型电力系统发展贡献智慧与力量。(注:五期汇聚指需求增长延续期、绿色转型加速期、新生业态活跃期、安全风险凸显期、体制改革攻坚期)

三、电气化加速对电力供给侧的要求

（一）电力弹性系数长期大于1成为大概率事件，对电力供给侧保障能力提出高要求

“碳达峰、碳中和”战略目标下，电力行业深度脱碳，其余行业深度电气化是必由之路。电力弹性系数是表征电力消费与国民经济发展关系，体现全社会电气化水平的重要指标。“九五”期间我国电力弹性系数开始上升，至“十五”期间达到最高值1.32，“十一五”期间电力弹性系数开始下降，到“十二五”期间电力弹性系数触底。一般而言，电力弹性系数在国家快速发展时期大于1，在后工业化时期则会小于1，但显然“十一五”至“十二五”时期我国仍处于工业化快速发展、城镇化快速推进阶段，电力弹性系数的下降、触底与工业用电波动、气温极端情况相关。2016年以来，随着供给侧结构性改革的持续推进，经济运行总体平稳，电能替代加速推进，大气污染防治范围扩大，多种因素共同作用下全社会用电量增速持续提高，“十三五”时期我国电力弹性系数较“十二五”时期提升了近0.2，而能源消费弹性系数减少了0.1，终端能源消费结构中电力的比重在提高，电气化提速趋势明显。继2018年我国电力弹性系数再次高于1后，2020年、2021年，我国全社会用电量超预期增长，第三产业与居民生活用电的驱动力作用凸显，用电弹性系数大幅度上升，达到1.72和1.32。湖北省电力弹性系数自“九五”时期以来虽然长期较全国平均水平低0.2～0.3左右，但截至2021年也已超过1。因此，虽然从短期来看产业结构调整、技术进步、市场环境、气候变化等因素对电力消费和GDP增长的影响不对称，造成电力弹性系数的短期波动，但从五年为一个经济周期的变化来看呈现明显的阶段性特征。

整体来看，我国电气化发展仍处于中期阶段，仍有较大发展空间，根据全球能源互联网发展合作组织预测，到2030年、2050年、2060年电能占终端用能的比重有望分别达到33%、57%和66%。“十四五”及2035年中长期，我国及湖北电力需求仍将持续超预期增长，欧美发达国家的人均用电量水平不再是约束电力需求预测的边界，电力弹性系数长期大于1成为大概率事件，电力行业特别是电力供给侧仍要坚持适度超前发展，有效保障电力的安全可靠供应和价格的基本稳定。

（二）未来负荷特性将更为复杂，对电力供给侧调节能力提出高要求

随着电气化加速，电力系统的负荷结构更加多元化，以新能源汽车、电采暖为代表的终端产品将逐步替代传统高排放产品。一方面，新能源汽车等柔性负荷具有时空分布零散、时变性和随机性强的特点；另一方面，电采暖的普及将颠覆以往“以热定电”的固定规则，这些都将使未来的负荷特性更为复杂，叠加极端天气越来越频繁等因素，短时尖峰负荷过高、用电负荷峰谷差过大、负荷高峰周期变模糊等现象仍将继续挑战电力供应安全。开展需求侧响应固然是提升电力系统灵活性的必要工作，但从目前的试点来看固定不变的峰谷价差、一次性的政策补贴制约了需求侧响应的作用，导致电力需求响应在短期内难以作为支撑能源安全、做好应急保障的约束性措施。因此，电气化加速背景下我国电力系统的灵活性和响应能力也要加快提升，在供给侧需要通过调节电源的规模增长与功能优化来实现。

从电力需求侧追本溯源，对于电力供给侧要聚焦基础性、支撑性电源来有效保障电力的

安全可靠供应,也要聚焦灵活性、调节性电源来适应电气化加速背景下负荷特性的变化。

四、电力供需形势的发展对电源结构体系的要求

(一)全国电力供需形势对电源结构体系的要求

(1)新能源装机实现跨越式发展,统筹能源安全与低碳转型的需求迫切。2021年我国风电和光伏发电新增装机规模破亿,总装机容量双双突破3亿千瓦大关,其中海上风电异军突起,全年新增装机达此前累计建成规模的1.8倍;大型风电光伏基地项目稳步推进,首批约1亿千瓦项目目前已开工7500万千瓦。在新能源发展交出亮眼成绩单的同时,2021年在上游煤炭价格居高不下、下游供电价格上调有限、新能源发电骤减等多重因素作用下,我国东北等地区出现大规模电力供应缺口,统筹能源安全与低碳转型发展的需求已十分迫切。

从我国未来新能源发展态势来看,2030年的风光装机总量将超过12亿千瓦的既定目标。从新能源投资商角度看,只要能够解决土地与电网接入,那么“抢占资源”将成为其唯一导向。2021年以来以五大发电集团为代表的新能源投资商装机目标再创新高,其中华能、国家能源集团“十四五”新增装机目标均达到8000万千瓦,大唐、华电、国家电投目标为3000万千瓦;作为我国五大发电集团中清洁能源占比最高的企业,国家电投更是宣布将于2023年提前实现碳达峰。在新能源资源“跑马圈地”“抢风掠光”的发展趋势下,下一个主战场已在我国“三地一区”(即沙漠、戈壁、荒漠、采煤沉陷区)开启,规划的风光大型基地总装机容量达到3.8亿千瓦。如此巨量的新能源接入后,其出力间歇性、波动性强,频率、电压支撑能力弱等特征将进一步放大,由此给电力系统安全稳定运行带来更大挑战,基础性、支撑性电源的规划建设也因而更需要超前谋划。

(2)特高压交直流作用不断彰显,统筹能源效率与低碳转型的需求迫切。十年来,特高压电网串珠成线、连线成网,逐步形成我国“西电东送、北电南供、水火互济、风光互补”的能源互联网新格局。截至2021年底,北、中、南三个通道已投产的“西电东送”能力已达到约2.7亿千瓦。2021年随着1000千伏长沙—南昌特高压交流工程投运,鄂湘赣三省形成“三角形”联络新格局,提高祁韶、雅中直流跨区送电华中能力190万千瓦,提升湖南、江西两省电网供电能力超350万千瓦,对缓解冬春季两省供电紧张局面具有重要意义。

与此同时,我国电网资源利用率不高的问题突出,目前全国在运直流输送电量仅为总设计能力的65%,严重制约西部与北部清洁能源基地开发外送。送受端电网电源结构性问题是制约特高压电网运行效率的主要原因。部分特高压送端配套火电、水电、光热等支撑性电网电源建设滞后,省内火电开机方式安排难以兼顾自身新能源消纳与特高压通道外送曲线要求,导致调峰困难问题突出,特高压输电能力受限。部分特高压受端调节性电网电源不足,从解决本省调峰问题角度出现“低谷不愿受”现象,从保障本省发电空间角度提出“只要电力、不要电量”诉求,送受端就特高压送电曲线难以达成一致,导致特高压输电能力不及预期。

要提升特高压电网运行效率,进而促进新能源资源大范围优化配置,有必要以送端大型风光基地为基础,以周边清洁高效先进节能的煤电为支撑,以受端灵活性调节性电网电源为补充,以稳定安全可靠的特高压输变电线路为载体,构建符合新型电力系统要求的新能源供

给消纳体系。

(3)我国电网电源结构体系的优化要坚持先立后破的大原则。电源结构体系的优化无法依靠新能源一种电源的发展实现一步到位，立足资源禀赋，坚持通盘谋划，在保障能源安全与能源效率的基础上逐步优化是必由之路。

从国家政策中可以看到，电力源网荷储和多能互补一体化发展是倡导的新能源发展模式，强调能源基地自主调峰、自我消纳，充分发挥电源侧灵活调节作用，倡导优先实施存量燃煤自备电厂的电量替代、风光水火(储)一体化提升。

从实施层面可以看到，我国“三北”地区系统调节能力不足、配套煤电建设滞后正成为影响特高压通道利用效率和后续大型风光基地开发的主要制约因素。从顶层设计到操作实施，基础性、支撑性电源和灵活性、调节性电源的重要性越来越突出，而煤电与抽水蓄能作为其中的代表也将与新能源一道走进新型电力系统舞台的正中央。

(二)湖北省电力供需形势对电源结构体系的要求

(1)湖北未来电力供应要输煤输电并举。湖北省一次能源现状为“缺煤、少油、乏气、水尽”，太阳能资源属于三类地区(中下)，风电资源属于四类地区。近年来，湖北省新能源呈现快速、大规模、高比例发展态势，2021 年新能源装机规模达 1673 万千瓦，同比增长近 40%；“十四五”末期，计入已明确的单体项目指标以及 10 个百万千瓦新能源基地，湖北省新能源规模就超过 4300 万千瓦。

若考虑“双碳”战略带来的用电负荷激增和陕湖、金上直流未能如期形成送电规模等不确定性因素影响，2030 年湖北省电力存在 1000 万千瓦左右的电力缺口性，新能源参与电力平衡的可利用容量有限，未来湖北省只能依靠输煤通道新建大型火力发电厂或从省外直接输入电力。

同时，湖北省地处全国地理中心和联网中心，承担着三峡及川渝水电外送、华北火电资源与华中水电互济的重要职责，华中特高压环网建成后，华中电网省份间互济能力将大幅提高，湖北电网作为核心枢纽其电源建设也应跟上，以一批支撑性电源为华中全网的安全稳定运行保留充足裕度。

因此，湖北省未来电力供应要坚持输煤输电并举，确保电力供需平衡。在积极争取三峡电力多留存湖北省的前提下，力争区外特高压直流早纳规、早开工、早投运、早受益。同时，加快在浩吉铁路沿线布局建设一批路口电厂，保障省内电力安全，将湖北省电力对外依存度控制在合理范围。

(2)湖北省电源结构体系调整要聚焦煤电与抽水蓄能。湖北省需要适度推进一批支撑性煤电建设。客观条件上，经过测算，“十四五”期间湖北省煤电建设不受有关排放的环保条件限制，浩吉铁路运力充足也给予了更好的煤炭保障。资源禀赋上，考虑湖北省缺煤少油乏气、风光条件不优、水电大部分外送的资源情况，结合电力平衡计算结果，未来一段时间内的电力保障还需要依靠清洁煤电予以支撑。

低碳发展方面，从“双碳”目标的两个节点来看，湖北省目前的人均碳排放指标和单位 GDP 碳排放指标都低于全国平均，到碳达峰在电力领域仍有相当的空间；到 2060 年碳中和尚有近 40 年时间，与煤电机组的生命周期相当，控制小时数、控制电煤消耗，低碳发展与新增煤电并不相悖。

新型电力系统建设方面，煤电的调节性能在经济和技术上也能为湖北省新增的大规模新能源起到“压舱石”的作用。

自身装机配比方面，湖北省现有33台30万千瓦级机组，有20台运营已超过20年，煤耗均超过330克标煤每千瓦时，与100万千瓦机组煤耗高20%以上，到期服役机组置换效益相当可观。

综合考虑这些因素，当前，湖北省围绕浩吉铁路储备了大型清洁煤电项目超1000万千瓦，应适度推进一批支撑性煤电建设。

湖北省需要合理布局一批抽水蓄能电站。建设空间方面，到2025年、2030年、2035年湖北省调峰缺口将分别达到360万千瓦、670万千瓦和1350万千瓦，对灵活性、调节性电源建设的需求十分迫切。站址条件方面，湖北省具有优良的抽水蓄能站址资源，本轮纳入国家抽蓄规划的重点实施项目合计2970万千瓦。新型电力系统建设方面，将丰富的抽水蓄能资源和湖北省电网突出的区位优势用好用足，可考虑依托特高压电网进行抽水蓄能跨省跨区调峰，充分体现抽水蓄能电站对于保障省内需求、促进省间互济、提升全网效能的引领创新作用。

五、煤炭煤电是保障能源安全的主心骨

国家“十四五”规划纲要首次设定了能源安全目标，将能源安全提升到与粮食安全同等重要的地位。把能源的饭碗端在自己手里，才能充分把握未来发展的主动权，才能牢牢守住新发展格局的安全底线，才能实现双碳目标和经济发展的协同并进。在“碳达峰、碳中和”战略目标下，控制煤炭消费是推动能源绿色低碳转型的重点方向，同时我国以煤为主的基本国情决定了煤炭作为能源安全“压舱石”的作用在短期内无法替代。

(一)正确处理消费减量和保障安全的关系，必须给煤电一个客观公正的定位

(1)我国以煤为主的能源结构，决定了对化石能源消费的压控首要在于油气。欧洲国家率先“退煤”不仅依靠其新能源的增长，更得益于前期低廉的天然气价格和天然气发电规模的增加。我国煤炭是主体能源，而天然气对外依存度超过40%，不具备气电大规模发展的条件，因此无法简单照搬欧洲国家快速“退煤”的转型路径，新能源电量应优先替代油气而非煤炭。

(2)煤电基础保障性电源的定位，决定了煤炭减量不等于电煤减量，控制电煤消耗不等于严控煤电装机。2021年，我国煤电以不足50%的装机占比，生产了全国60%的电量，承担了70%的顶峰发电任务，在碳达峰阶段我国刚性增长的用电量要求在煤炭供应充足的前提下电煤比例稳步提高。从电力平衡角度看，新能源因其出力波动性无法在电力平衡中对煤电实现等量替代，参加电力平衡的可利用容量不足5%，而核电、水电、抽蓄等出力稳定的电源发展规模相对有限。根据测算，到2035年我国煤电装机至少需要达到14亿千瓦才能保证供电安全。从电量平衡角度看，煤电利用小时数才是影响电煤消耗量和碳排放的重要指标，若2035年我国新能源装机达到16亿千瓦，则电力系统可再生能源发电量将达到全口径的40%，煤电利用小时数降至3000小时左右，煤电装机发展与新能源电量占比的上升并行不悖。

(3)煤电系统调节性电源的定位，决定了新型电力系统构建进程中煤电不可或缺。在2019年英国“8·9”大停电事故中，在系统频率临近崩溃前有约28秒的僵持时间，若通过火电的快速爬坡将能够顶住频率崩溃，但由于英国电源结构中新能源大量替代同步发电机，导致系统惯量水平下降，恶化频率响应特性，削弱了系统抵御功率差额的能力。随着电压崩溃分布式可再生能源形成孤网，进一步发展成孤岛效应解列，造成整个系统崩溃的大型事故。大规模新能源接入对电力系统的安全稳定运行提出了巨大挑战，新型电力系统建设进程中需要煤电把新能源“扶上马、送一程”，以灵活的煤电支撑新能源并网和消纳仍是今后一段时间内保障新能源发展的主要解决方案。

(二)正确处理消费减量和保障安全的关系，煤电必须走出一条符合国情的绿色低碳发展道路

(1)要优化产能，做到强供应与控消费“两条腿走路”。以发展先进产能为重点，在山西、内蒙古、陕西等地区布局一批资源条件好、竞争能力强、安全保障程度高的大型现代化煤矿，加快推动落后产能、无效产能的退出，完善煤炭跨区域输送通道和集疏运体系，增强煤炭供应保障能力，同时严格控制钢铁、化工、水泥等重点行业的煤炭消费。

(2)要一体化发展，推动煤电成为多能互补核心。充分利用大型煤炭基地所在区域的风光资源优势，打造风光火储大型综合能源基地，因地制宜建设“煤电＋新能源”源网荷储一体化项目，推动煤电向支撑性调节性电源转变。

(3)要力推“三改联动”，切实发挥煤电保障电力供应安全和促进新能源消纳的作用。抓住供电煤耗300克标煤每千瓦时以上的机组节能降碳改造、大型风电光伏基地配套煤电灵活性改造，实现装机占比、发电量占比“两降低”，灵活调节能源、清洁高效水平“两提升”。对于新建煤电，要积极布局高参数、大容量调峰能力强的先进机组。对于老旧煤电等落后产能原则上创造条件转为应急备用和调峰电源，或退役容量用于替代新建清洁高效煤电机组。

(三)把握保障能源安全的核心主旨，利用浩吉铁路输煤能力谋划湖北煤电发展

负荷的刚性增长决定了湖北省煤电装机规模的增长，新能源发展规模决定了湖北省煤电利用小时数及电煤消耗。适当增加煤电装机规模，夯实煤电在电力系统中的“主心骨”作用，持续不断降低煤电的利用小时数，控制电煤消耗，才是湖北省电力行业低碳安全发展的合理路径。统筹考虑湖北各地市电力供需平衡情况、电源建设条件和电网消纳能力，应优先在鄂东南、宜荆荆地区布局支撑性煤电。

六、抽水蓄能是保障能源安全的稳定器

抽水蓄能是当前技术水平最成熟、安全性能最可靠、全周期经济性最优、最具大规模开发条件的灵活调节电源。抽水蓄能具有保障大电网安全、促进新能源消纳、提升全系统性能的三大基础作用，具有容量大、工况多、速度快、可靠性高、经济性好等五大经济技术优势，具有调峰、调频、调相、储能、黑启动、系统备用等六大系统功能，是构建新型电力系统的刚需。

2021年国家能源局印发《抽水蓄能中长期发展规划(2021—2035年)》(以下简称《规划》)，提出到2025年我国抽水蓄能投产总规模达到6200万千瓦，到2030年达到1.2亿千瓦。

《规划》共布局重点实施项目340个,总装机容量4.2亿千瓦,提出储备项目247个,总装机容量3.05亿千瓦,其中华中地区规划重点实施的抽水蓄能项目规模达到7196万千瓦。在目前纳规项目众多、“大干快上”爆发式增长情况下,通过抽水蓄能电站建设拉动地方经济发展固然是重要依据,但更为重要的是从系统角度合理判断抽水蓄能未来的发展规模与布局。

(一)兼顾“顶峰”“填谷”需求,判定抽水蓄能发展规模

(1)抽水蓄能的“顶峰”作用主要体现其容量价值。当系统发生大功率缺失后,为保障频率稳定、控制潮流在运行限额内,需要及时增加发电出力,抽水蓄能较煤电、气电启动时间更短、调节速率更快,已成为电力系统中最优先调用的应急电源。在北京“5·29”燃气机组大规模停机、英国“8·9”大停电事故中,抽水蓄能电站为系统迅速恢复至正常运行状态发挥了重要作用。对承担系统尖峰负荷,抽水蓄能的容量效益明显,但从电力平衡角度看,其对煤电的替代率无法达到100%,同时考虑到系统尖峰负荷持续时间短,而抽水蓄能单位容量投资高于煤电、建设周期长的特点,不宜单从“顶峰”角度来确定抽水蓄能的发展规模。

(2)抽水蓄能的“填谷”作用主要体现其电量价值。一是在夜间低谷时段风电消纳困难、午间平峰时段光伏消纳困难时,抽水蓄能电站通过抽水将弃电量存储,有力提升了新能源利用水平,同时可发挥启停迅速、调节灵活的特点来满足高比例新能源接入时系统有功波动性大的调节要求。二是在我国“三交九直”“三地一区”特高压输电通道建设提速的当下,以清洁能源为主的特高压电力将进一步增加受端电网的调峰压力,亟须大规模储能电站帮助受端电网消纳区外清洁电力。抽水蓄能通过其无可比拟的大规模灵活储能优势,在新能源跨越式发展、特高压多通道馈入的趋势下,启停次数和利用时长将显著提升,电量价值愈加明显。从这个角度来看,抽水蓄能发展规模还应依据省份内调峰控制时段的填谷需求进行判断。

湖北省纳入国家抽蓄规划的重点实施项目合计2970万千瓦,其中鄂西1290万千瓦,鄂西北880万千瓦,鄂东800万千瓦,纳规容量已远超本省发展需求。根据上述研究思路,兼顾抽水蓄能“顶峰”与“填谷”双重作用,以源网荷储协调发展为原则来综合考虑,到2030年、2035年湖北省新建抽水蓄能需求约570万千瓦、1300万千瓦。

(二)兼顾负荷与新能源发展,判定抽水蓄能布局

抽水蓄能的布局应紧密结合负荷及新能源发展。

(1)抽水蓄能的布局应紧靠负荷中心。就湖北来说,鄂东地区在“十五五”及中长期存在较大电力缺口,大量电力需要靠鄂东以外的新能源集中地区供应,抽水蓄能布局在靠近负荷中心可避免挤占新能源送出通道,避免出现“受端缺电、送端窝电”的局面。

(2)抽水蓄能可考虑与新能源互补一体化布局。就湖北来说,鄂北地区风光装机容量占全省近七成,腰负荷方式存在较大盈余电力,抽水蓄能布局在鄂北地区将提升送端电网调峰能力,减轻弃电压力,促进全省新能源消纳。因此,湖北省抽水蓄能的建设应优先考虑在鄂东负荷中心边沿、鄂北新能源集中地区布局。

七、平衡电力供给侧“不可能三角”

作为“碳达峰、碳中和”战略目标实现的主战场,能源电力行业将在可靠性、经济性、清洁

性等多方面迎来“大考”。供给稳定、价格低廉、清洁环保是对电力的终极追求，本质上是多目标优化的问题。虽然单个目标看似都有清晰的解决方案，但要同时达到每个目标的理想值却不可能，因此也被行业称为“不可能三角”。有必要通过市场化手段，在电能量属性的基础上体现电力系统不同主体在可靠性、经济性、清洁性方面的价值差异，引导其发挥各自优势，在电力发展三个目标之间进行协调折中，使整体达到最优。

(1)亟须设计面向新型电力系统的容量补偿机制。不同于常规化石能源发电，风电、光伏等新能源发电过程并不消耗燃料，短期运行边际成本接近于零，这也就意味着新能源大规模进入市场后，将对电能量市场出清价格产生冲击，常规化石能源发电将更多承担调节或备用角色，而目前主要依赖发电量获取收益的运营模式将使得煤电、气电等常规化石能源发电企业运营难以为继。因此，有必要通过稀缺定价、容量直接补偿、容量市场等手段，给出清晰的长期价格信号，激励煤电、抽蓄投资主体及时作出电源投资决策，保障中长期能源电力供给安全，也能以充分市场竞争发现边际成本，更好地适应风、光、储等技术成本持续下降以及市场竞争形势动态演变的趋势。

(2)进一步完善发用一体化的辅助服务市场。特定的容量补偿机制对长期灵活性予以激励，而电力辅助服务市场体现不同调节性资源的短期灵活性价值。目前全国6个区域电网和30余个省级电网都启动了电力辅助服务市场，但辅助服务交易品种、服务价格仍有待进一步完善，提供稳定的市场预期和盈利模式，以市场手段激励抽水蓄能电站的投资建设以及煤电的灵活性改造。同时，2021年12月新版“两个细则”提出要探索建立用户侧可调节负荷参与电力辅助服务市场机制，有助于源荷两端对标，更好地引导源网荷储一体化运行。

(3)建设电碳一体化市场。电力市场和碳市场拥有共同的市场主体，通过价格和各类环境属性、政策属性的指标认证紧密联系，在不同时期建立了碳排放权市场、绿证市场、用能权市场等多个在功能和范围上存在一定程度重合的市场，有必要进一步研究建立两个异质市场合二为一，发挥“1＋1＞2”功能的电-碳一体化市场。2022年3月，国网湖北省电力有限公司与湖北宏泰集团有限公司在汉签署《电-碳市场协同发展合作框架协议》，将在机制衔接、产品创新、数据共享、结果互认、碳资产管理、碳金融服务等方面深化合作，积极开展碳交易与绿电、绿证交易机制衔接等关键问题研究，组织开展省内专场“绿电＋”交易试点，引入碳配额、绿证等交易品种，为用户提供“零碳认证”，促成两个市场实现互信、互认、互通，全面激发市场活力、降低资源配置成本，打造推动能源绿色低碳转型、产业优化升级的精品示范工程。

八、结论

在“双碳”战略目标下，我国及湖北电力需求仍将持续超预期增长，电力弹性系数长期大于1成为大概率事件，同时更加复杂的负荷结构将导致需求侧特性更为复杂。从电力需求侧追本溯源，对于电力供给侧要聚焦基础性、支撑性电源来有效保障电力的安全可靠供应，也要聚焦灵活性、调节性电源来适应电气化加速背景下负荷特性的变化。

从全国电力供需形势来看，从顶层设计到操作实施，基础性、支撑性电源和灵活性、调节性电源的重要性越来越突出，而煤电与抽水蓄能作为其中的代表也将与新能源一道走到新型电力系统舞台的正中央。从湖北省电力供需形势来看，湖北未来电力供应要坚持输煤输电并举,合理谋划聚焦煤电与抽水蓄能发展。

煤电作为电力系统中的基础性、保障性、调节性电源,负荷的刚性增长决定了煤电装机规模的增长,新能源发展规模决定了煤电利用小时数及电煤消耗。适当增加煤电装机规模,夯实煤电在电力系统中的"主心骨"作用,持续不断降低煤电的利用小时数,控制电煤消耗,才是电力行业低碳安全发展的合理路径。把握保障能源安全的核心主旨,利用浩吉铁路输送能力谋划湖北煤电发展,应优先在鄂东南、宜荆荆地区布局一批支撑性替代煤电。

抽水蓄能发展要兼顾"顶峰""填谷"需求判定抽水蓄能发展规模,兼顾负荷与新能源发展来判定抽水蓄能布局。综合考虑,到2030年、2035年湖北省新建抽水蓄能需求约570万千瓦、1300万千瓦,优先考虑在鄂东负荷中心边沿、鄂北新能源集中地区布局。

围绕"供给稳定、价格低廉、清洁环保"这一电源结构优化的"不可能三角",本文提出通过市场化手段,在电能量属性的基础上体现电力系统不同主体在可靠性、经济性、清洁性方面的价值差异,引导发挥各自优势。加快设计面向新型电力系统的容量补偿机制,进一步完善发用一体化的辅助服务市场,建设电碳一体化市场。

参考文献

[1] 单葆国,张成龙,王向,等.中国电力弹性系数与工业化阶段关系[J].中国电力,2020(7).

[2] 单葆国,李江涛,谭显东,等.经济转型时期电力弹性系数应用[J].中国电力,2018(2).

[3] 杨儒浦,冯相昭,赵梦雪,等.欧洲碳中和实现路径探讨及其对中国的启示[J].环境与可持续发展,2021(4).

[4] 孙华东,许涛,郭强,等.英国"8·9"大停电事故分析及对中国电网的启示[J].中国电机工程学报,2019(24).

[5] 陈政,尚楠,张翔,等.兼容多目标调控需要的新型容量市场机制设计[J].电网技术,2021(1).

[6] 陶冶,车阳.绿色电力证书参与碳市场机制的思考与建议[J].中国能源,2022(2).

作者简介:

李子寿(1978—),男,硕士研究生学历,高级工程师,国网湖北省电力有限公司发展策划部规划一处处长。

深化调控内部机制,严密降控电网风险

周长征

(国网十堰供电公司电力调度控制中心,湖北十堰　442000)

指导人:余正海

摘要:《电力系统安全稳定导则》(GB 38755—2019)于 2020 年 7 月 1 日正式实施,对电网安全稳定运行提出了更高的标准和要求。十堰电网位于湖北电网的末端,结构薄弱,任一设备或线路停运都会雪上加霜,形成六级甚至五级以上电网风险。十堰地调通过深化内部专业协同机制,建立标准化设备停送电管理机制,开展电网风险清单式管理,重点突破风险辨识不清楚、安全校核不到位等诸多问题,有效提高了电网风险降控水平,确保了十堰电网稳定可靠运行。

关键词:电网稳定;风险;专业协同;降控

一、背景

近年来,基建、定检消缺、技改大修等项目越来越多,由此产生的设备停运计划大量增加,有时还需要多条线路同时停运,极大削弱了电网结构,降低了电网安全稳定水平,形成大量六级甚至五级以上电网风险。在目前安全保供和优质服务“高、严、细、实、快”的管理形势下,决不能发生因电网风险管控不到位导致重要用户停电或大面积停电而造成经济损失和社会负面舆情事件,电网风险防控必须做到万无一失。

二、主要做法

十堰地调为统筹协调电网发展建设与电网安全运行之间的矛盾,提出以标准化管理为基础、清单式管理为依托、运行风险分析为手段、负荷批量控制方案为保障、事故处置预案为总揽的电网风险降控措施,强化设备停送电管理,有效降控电网风险,切实保障电网项目顺利实施,为十堰电网的跨越式发展提供了有力支撑。

(一)以设备停送电标准化管理为基础

十堰地调坚持工作标准化、规范化、流程化,制定并以公文形式下发了《十堰电网设备停送电标准化流程管理规定》《十堰电网继电保护定值标准化流程管理要求》,从顶层设计入手,全面规范业务流程和工作标准。

(1)"一条主线,三个重点"。实行以调控中心为主线,全面负责设备停送电专业管理、组织协调、方案编制、计划审批、计划执行、统计考核。协调设备主人单位、项目管理单位、保电落实单位和各管理部门,抓牢计划编制、计划执行、统计考核三个重点,全面把握设备停送电管理全流程。

(2)整体联动,各负其责。建立部门联动、协同控制机制,在设备停送电的需求提出、工期确认、工程验收、风险管控、送电操作等方面,各部门单位各司其职,确保停送电计划符合实际情况、风险可控、验收合格、送电顺利,形成全过程闭环管理。

(3)资料规范,节点落实。设备停送电及新设备投运标准化管理流程,严格规范停送电计划的编制,统筹考虑变电设备与所属线路停电需求、二次设备与所属一次设备停电需求、电压互感器与所属母线停电需求。针对标准化流程中所需资料进行梳理,包括电网风险分析报告、风险预警通知单、停送电申请、设计图纸资料、新设备命名、送电方案、新设备送电验收报告、监控信息点表验收报告、继电保护定值通知单加用报告等,制定资料清单及资料模板,从管理上理顺设备停送电管理流程。在总体上提高了设备停送电管理的可操作性、可复制性、可回溯性。

(二)以电网风险清单式管理为依托

为使设备停送电计划和风险管控措施顺利实施,十堰地调超前谋划、精心梳理,每年梳理电网风险形成"四个清单"和电力安全事件风险评估分析报告,实现电网风险清单式管理,为合理安排设备停送电和发布电网风险计划提供依据。

(1)检修方式电网风险清单。随着电网规模逐步扩大,各类设备检修、配合电网建设等工作呈几何级数增加,制定电网检修方式风险清单,实现检修方式下电网风险识别与评估,针对输变电设备停电检修时可能造成的电网薄弱点,发输供电能力受限、系统稳定性大幅降低等情况,提出风险管控措施。从而科学合理安排设备停电计划,缩短停电时间,控制停电范围,将停电对电网及用户带来的影响降至最小。

(2)电网问题清单。依据年度新改建计划及电网方式变化大事记、历史严重故障等数据,利用大数据分析电网发展与运行的特点,结合长期重载断面、多发典型故障,开展详细的系统短路、潮流、无功电压、暂态稳定、严重故障等计算分析,汇总成电网问题清单。按年度进行滚动修编、定期清理、动态发布,确保各部门及时、全面、准确掌握电网整体存在的问题,为电网发展规划、基建里程碑设置、项目可行性研究提供参考依据。

(3)设备隐患清单。综合历年迎峰度夏、迎峰度冬电网设备运行情况,开展春季、秋季安全大检查,全面排查变压器、互感器、开关、线路、保护和通信等设备隐患,对已发生的设备事故进行梳理,总结各类设备事故类型和原因,分析设备运行现状,汇总出设备隐患清单,为设备主人制定检修、消缺、技改、大修等计划提供参考。

(4)管理风险清单。电力调度运行管理在整个电力系统中处于核心地位和中心环节,是确保设备停送电管理顺利实行的重要保障。通过对电网调控运行日常业务的梳理,发现各处管理痛点、难点,编制管理风险清单,逐一梳理出管理不清、混乱、效果差等问题,并评估其对电网造成的风险,提出改进措施,并在设备停送电管理时纳入考虑范围,提高管理水平。

（三）以电网运行风险分析为手段

针对每一次设备停送电，均需要详细分析停电期间电网运行风险，降低设备停电产生的电网风险等级，并提出可靠的控制措施，确保设备停送电期间电网安全稳定运行。

（1）日前运行方式与负荷分布。依据设备停送电计划的停电时间、停电范围，核对设备停电前电网正常运行方式，绘制电网运行方式拓扑图。结合短期历史数据，梳理停电范围内用电负荷、水电、光伏分布以及各区域峰、平、谷负荷水平及占比情况，为方式调整、负荷平衡、风险评估打好基础。

（2）运行方式调整及负荷平衡。依据日前运行方式，优化设备停电后电网运行方式，确保电网具备最高的可靠性。根据电网2～3年历史运行数据、日前负荷情况，综合近期天气及经济状况，精确预测检修期间用电负荷、水电、光伏发电情况，对供电区域输变电设备承载能力进行评估，对发电用电需求进行预测和平衡分析，确保电网静态稳定储备系数大于10%，电网具备充足的裕度。

（3）电网风险分析与评估。根据电网检修方式具体情况对照“检修方式电网风险清单”逐一分析电网各元件$N-1$故障后的电网风险等级。依照设备隐患清单，分析设备重载运行时线路、主变等设备是否存在发热等缺陷。依照电网问题清单，分析是否存在末端电网电压超下限等情况。

（4）提出风险管控措施。根据风险分析结果，针对卡口元件及重要输送断面、调峰调频提出潮流控制限额，对相关电厂发电出力提出相应要求，对重要输电线路及变电站开展特巡及消缺工作，编制低电压调控方案、频率调整方案及事故处置预案、电网黑启动方案，做好设备监控、巡视、运维工作。提前向相关重要用户通知电网风险，落实重要客户应急事故预案和保安电源措施，提前向政府报备电网风险，提前编制超计划及事故有序用电方案并报政府批准。

（四）以负荷批量控制方案为保障

（1）有序用电保电网稳定。超计划及事故限电序位表，是为了应对电网在频率失衡以及故障情况下出现的电网安全问题，需要坚持“安全稳定、有保有限、注重预防”的原则实施有序用电措施。依次编制负荷批量控制方案，保障电网安全稳定运行。

（2）精准分类保最优切除。负荷批量控制系统，根据限电序位表，依照负荷切除优先级，形成实际切除序列。确保优先切除高耗能、高排放企业、违建工程、限制类企业用电，优先保障关系国家安全和社会秩序的用户、停电将导致重大人身伤害或设备严重损坏企业的安保负荷、关系人民群众财产安全的用户及基础设施用户。

（3）严格监护保正确执行。负荷批量控制系统采用双人双机监护，确保操作人员、序位表名称、切除负荷值、切除序列正确无误；再通过确认功能重新校验操作人员控制权限；最终在控制前提供短时倒计时窗口，通过提示窗口及颜色告知操作的危险性，倒计时内确认操作方可执行控制，并反馈控制结果。

（五）以事故处置预案为总揽

（1）全面覆盖，算无遗策。根据设备停送电电网风险分析结果，针对电网元件故障逐一分析，梳理出构成六级以上电网风险的故障情况，制定处置预案。

(2)快速处置,及时汇报。事故发生后立即按照处置预案开展事故处理,并及时汇报相关相关领导。

(3)安全有效,及时恢复。根据现场实际情况,具备条件则及时试送,逐步恢复供电,若不具备条件,则及时调整运行方式,转移负荷,调整开机出力,及时恢复供电。

三、主要成效

自2020年实施上述风险降控措施以来,通过地调各专业共同努力,累计编制110千伏及以上主网设备停送电计划495项,累计产生电网风险112项。其中,三级风险1项,四级风险5项,五级风险20项,六级风险86项;1项三级风险成功降低为五级风险,5项四级风险成功降低为五级风险,6项五级风险降低为六级风险。

特别是2020年促进500千伏十堰—卧龙线路顺利投产,困扰十堰15年的"窝电"问题基本解决,配合线路施工建设共计主网停送电计划36项,全部顺利实施,其中1项三级风险成功降低为五级风险,3项四级风险降低为五级风险,4项五级风险成功降低为六级风险。尤其是220千伏十房线、十悬线同停期间,通过电网风险分析,优化电网运行方式,成功避免突发新冠疫情过后复工复产关键期竹山、竹溪、房县电网大面积限电,通过严格计算校核确保机组不产生低频振荡,提高电力平衡水平,强化小水电调峰调频能力,首次实现竹溪电网7天孤网安全稳定运行,整个设备停运期间无五级以上电网风险,未采取有序用电措施,同时避免电量损失约1100万千瓦时,在优化电网网络结构的同时极大地提升了公司优质服务水平,获得市政府高度肯定。

参考文献

[1] 全国电网运行与控制标准化技术委员会.电网运行准则[S].北京:中国标准出版社,2015.

[2] 国家能源局.电网运行准则[S].北京:中国标准出版社,2019.

[3] 国家电力调度控制中心.电网典型故障处置案例汇编[M].北京:中国电力出版社,2019.

[4] 国家电力调度控制中心.电网调控运行人员实用手册[M].北京:中国电力出版社,2019.

[5] 国家电网有限公司.国家电网公司安全事故调查规程[S].北京:中国电力出版社,2021.

作者简介:

周长征(1978—),男,本科学历,工程硕士,高级工程师,国网湖北省电力有限公司十堰供电公司电力调度控制中心主任。

新形势下特高压工程属地化工作创新研究

饶偲

（国网黄冈供电公司特高压办，湖北黄冈　438000）

指导人：干磊

摘要：本文就特高压工程中的属地化工作管理模式进行研究，对特高压工程属地化工作提出进一步改进思路以及相关方针，为后续相关领域工作提供有效的参考意见。

关键词：特高压电网；属地化管理；模式分析；工程管理

“十四五”是湖北电网转型升级的关键时期，随着特高压直流、交流加快建设，华中特高压交流“日”字形环网即将形成，湖北电网将迈入特高压时代。面对复杂多变的外部建设环境，如何高效完成特高压工程的属地化工作，成为工程建设过程中尤为关键的一环，它将直接关系到工程能否按时开工和如期投入运行。

一、特高压工程属地化工作要素

分析特高压工程属地化管理模式，结合特高压工程建设的特点，提出创新建设体系，明确特高压工程建设管理的重要思路以及措施，为特高压工程属地化管理，提供切实可行的依据。

（一）具体管理模式

针对上述目标和问题，在认真借鉴陕北—湖北直流、白鹤滩—江苏直流、荆门—武汉交流、驻马店—武汉交流等工程属地化工作经验后，总结出特高压属地化工作首先要改变供电公司“单打独斗”的局面，要充分依托政府部门的公共资源和公信力。

主要做法可以概括为“一个协同、三个统一、两个机制”。

(1)一个协同。强化“政企协同”，促请沿线地方政府成立特高压工程领导小组，该领导小组由政府办公室、公安局、自规局等职能部门和供电公司共同组成，由县（市）主要领导任组长，同时明确各有关部门、乡镇分管电网建设协调工作的领导人员。

(2)三个统一。一是统一补偿标准，依据县（市）拆迁办过往案例标准，按照“据实、有偿、合理”的原则，统一标准和赔付程序，做到有据可依、有章可循；二是统一分配工作，所涉政府部门、乡镇特高压协调工作由特高压工程领导小组进行统一分配，强化统筹协调力度；三是统一考核指标,将通道清理工作纳入属地公司负责人业绩考核指标,进一步发挥绩效考核导向作用。

(3)两个机制。一是定期联合督导;二是定期召开协调会,把政府的公共资源充分运用到特高压属地化工作中,进一步提高政策处理效率,有力保障特高压工程顺利实施。

(二)管理模式效果

(1)属地化工作环境得以改善。通过创新推出"一个协同、三个统一、两个机制"管理模式,形成政府主导、企业主动、各方参与的统筹协调工作格局,改变以往供电企业"单打独斗"的工作局面,实现特高压工程领导小组"指挥有力"、乡镇领导"态度明确"、村委干部"调解主动"、拆迁补偿"标准统一"的良好工作环境。2021年度,国网黄冈供电公司共计完成白浙、白江等特高压工程通道攻坚任务24项,完成率100%。

(2)工程前期工作顺利推进。在工程初步设计前期,积极展开现场勘察,主动组织乡镇政府、相关部门人员开展塔基调查工作,向设计单位反馈勘察结果,进一步完善线路初步设计报告,避免施工阶段出现重大变更。同时,向政府相关单位明确重要输电通道范围,明确压覆矿产、树木砍伐、房屋拆迁、通道清理等补偿标准,做好线路通道保护工作,遏制抢栽抢建现象。针对重要跨越施工,组织多方单位、相关部门审查施工方案。结合实际,科学优化停电计划,缩短张力架线区段,力争在最短的时间内完成张力架线工作,安全、高效地实施停电跨越施工,力求将特高压工程施工对地方电网的影响降到最小值。在驻马店—武汉交流工程正式开工前,国网黄冈供电公司提前启动"先签后建"工作,在地方政府和有关部门的协助下,全力做好通道走廊保护工作,依法严厉打击通道走廊内抢栽抢建等恶劣事件,及时叫停四处正在建设的养殖场,为工程开工创造良好的外部环境。在武汉—南昌交流工程核准过程中,依托蕲春县自规局资源,协调整改蕲春段白云石矿露天爆破开采方式,确保矿区与线路保持规定安全保护距离,为工程核准工作奠定基础。

(3)通道清理工作务期必成。将通道清理任务作为年度工作目标,在设计单位交底图纸的基础上,编制年度"特高压工程通道清理工作安排",建立通道清理工作台账,明确阶段性工作完成时限并执行清单销号制度。将通道清理工作细化到村,落实到人。定期召开特高压协调会议,同步向特高压工程领导小组汇报工作进度,建立通道清理任务"日协调、周督办"制度,协同乡镇分管领导现场督导通道清理情况。在乡镇党委、政府的全力配合下,形成了"政企协调及时、乡村调解主动、百姓拥护积极"的外部建设良好局面。截至目前,国网黄冈供电公司在全省率先完成白江工程通道清理工作,白江工程黄冈段被省公司定为运维验收标准化示范点。

二、强化特高压工程资金过程管理

在初设概算中,遵守审批规章制度,合理地评估相关费用,防止因路径冲突问题引发设计变更。在建设的实施阶段,遵从公司电网的建设项目资金管理办法,及时申报、划拨工程补偿款,避免因补偿款未到位,影响工程实际情况的问题。做实做细现场状况调查,保障工程顺利实施,并确保各类赔偿费用的合法、合规、合理计列和赔付,提高工作效率和质量,做好赔偿资料的收集和分析工作。建立统一协议模板,进一步规范协议签订权限、五方签证权限等，严格执行审批制度，各建设单位、施工单位、监理单位均应按流程规定签署意见。加强建场费结算的闭环管理，建立统一结算管理办法，赔偿必须有详细的支持性材料，附有赔偿的“量、类、价”指标，否则不得进入工程结算。对于资金的流向进行全面管制，严格控制项目法人管理以及建设场地清理费用的计列范围。在各项协议以及凭证上，严守公司的相关规定，防止杜绝审计风险。

三、构建特高压属地安全管理体制

特高压直流工程建设的安全管理中，应促进属地安全保障与监督管理体系的建设，对安全管理中的各项责任进行明确，以便为特高压直流工程建设的安全管理进一步提供支持。强化属地稽查体系建设，借助属地公司现有稽查力量，协同安监部、建设部开展“四不两直”检查、远程稽查，确保安全稽查覆盖参建队伍、关键人员和关键环节。国网黄冈供电公司已经成立特高压工程属地化稽查专班，坚持常态化开展安全稽查工作，确保境内特高压建设安全有序实施。

四、结束语

综上所述，特高压工程建设难度大、任务重、风险高，因此要以项目管理模式为主，深入分析理论依据与技术措施，明确项目属地化管理的特点与存在问题，理顺企业管理体制与运行机制，总结新的管理模式，提出工程建设管理的优化措施，在统筹、支撑、管理模式中，职责界定更加明确，业务流程更加顺畅，从而更好地提高了工程造价、进度、安全等各环节的管理能力，保障特高压工程有效开展，全面保障特高压工程施工建设进度。

参考文献

[1] 阎平，任培祥，黄天翔. 基于三维地理信息技术的特高压电网工程建设管理方法研究及应用[J]. 测绘与空间地理信息，2020，43(3).

[2] 刘一琛. 基于运维管控的特高压电网发展研究[J]. 电力系统装备，2021(18).

作者简介：

饶偲(1985—)，男，本科学历，高级工程师，国网黄冈供电公司项目管理中心副主任。

数据驱动下的运检技术管理提升

罗皓文

（国网荆门供电公司检修分公司，湖北荆门　448000）

摘要：本文分析了数字化转型背景下运检技术管理面临的挑战与机遇，提出数据驱动下的运检技术管理提升策略。通过强化数字资料管理、拓展数字基础应用，提升资源信息的灵活交互、透明共享，实现设备状态评价、运行状态预判、风险精准定位等应用场景。依托技术合规监督、新技术实用化、技术评价体系等策略，推动运检技术管理与数字化转型深度融合，有力支撑电网及设备高质量发展。

关键词：数据驱动；技术管理；合规监督；评价体系

一、背景及现状

数字化转型是公司“四个转型”的核心和关键，把数字技术广泛应用于运检技术管理，推动运检专业数字化、智能化发展，推进基层班组由“业务执行”向“数据驱动”转变，提升技术管理能力，夯实安全管理基础成为发展新趋势。

在推进数字技术与业务的深度融合中，国内外相关机构都开展了有益的实践。南方电网公司提出“4321＋”架构，聚焦电网、运营、服务、产业四大建设方向，实现了“一码通全网、一次都不跑、只填一张表、就看一张图”。国网浙江公司更是聚焦班组数字化，以知识共享、全景展示、辅助决策为特征，实现了班组资源互联互通，营配业务深度融合，提升了班组效率。国网江苏公司借助区块链技术去中心化、可追溯的特点，设计了运检班组生产、安全、绩效管理的应用场景，在消缺闭环、外包准入、绩效考核上有新的尝试。总的来看，在“数字化”的赛道上，各行业公司正全速前进，虽取得了一些突破和成绩，但在实用实效上仍有明显短板。一方面，部分实践体现出了高度的定制化、多样化、分散化特征，不仅可推广性、可复制性差，而且还造成了更多的数据烟囱和技术壁垒。另一方面，聚焦的业务泛化不具体，往往只在某个点上有突破，对整个环节和体系支撑不够。对于电网运检业务，技术工作是基础管理、生产管理、安全管理的核心，但技术管理体系的数字化转型却鲜有涉及。

面对新形势和新任务，运用数字化的手段，将基层员工从低质低效的重复性技术工作中解放出来，提高生产效率，提升技术附加值，推动技术管理体系升级，是十分迫切且有必要的。

二、面临的挑战

运检专业门类多、技术密集，演化而生的技术产品、技术规范、技术方案十分繁杂。从传统技术管理的角度来看，技术上的决策往往来源于过往的经验，但现场的每一个技术难题和每一起突发事件都具有独特性，不断考验着决策的科学性和有效性。海量的知识体系、严密的业务流程、严格的安全压力，对高质量发挥技术管理优势带来诸多挑战。

（一）资源共享问题突出

(1)资源使用不方便。除了常用的基础资料外，大部分产品说明、维护指南、工艺手册等仍存在保存分散、归档碎片、非数字化的情况，查找十分不便，共享性差。部分数字资源因所属管理职权不同，分散存放于各系统中，管理维护烦琐，统计分析难度大。

(2)资源管理不精细。现有归档资料标准不统一、颗粒度各异、数据整治周期长，“前清后乱”的现象还时有发生。此外，部分经验技术文档(如规程规范、缺陷处置报告、事故案例分析、技术方案等)因顾忌传播影响，尚未形成体系保存，极易丢失。

(3)资源保管不安全。技术资料涉及企业核心秘密，有些班组为了解决资源共享问题，违规搭建 FTP、网盘等信息系统，存在极大的信息泄露风险。

（二）业务支撑能力不足

(1)标准执行不严格。运检专业技术标准体系庞大且缺少指导意见，在现场执行过程中，过多依赖于执行人的个人理解，常出现条款引用过时、规程理解偏差、反措执行不全的情况，有时甚至以主观经验自居，破坏了技术“专业性、独立性、权威性”原则。

(2)技术分析不彻底。基层运检工作“重结果，轻过程”“重解决，轻分析”的情况仍广泛存在，日常缺陷、隐患及故障案例收集不全面，技术分析维度单一，数据挖掘不深入，难以正确评估设备状态发展趋势。

(3)技术监督不全面。班组技术监督工作滞后，对于影响运维检修的条陈建议没有在设计、施工阶段提出，监督成效差，整改难度大。

（三）现场管控水平薄弱

(1)方案技术性不强。当前技术方案多强调安全措施及危险点分析，对于工作本身涉及的技术条款和检修工艺关注还不够，特别是重大隐患、家族性缺陷、反措整治不彻底，检修质量难以把控，反复停电、反复处置还时有发生，带来了更大的安全风险。

(2)执行标准化不细。现场标准作业卡覆盖面不广、针对性不强，小型分散作业持卡率不高，执行步骤随意性大，工艺流程落实难。特别是在验收环节，常根据主观经验复核检修项目的技术要求，缺乏试验结果的科学判断，导致设备带病运行。

（四）新技术应用滞后

(1)新技术接受不深。虽然当前新技术应用层出不穷，但公司基层部分班组对此仍持有怀疑态度。一方面，新技术融入实践较短，许多潜在的问题尚未充分暴露，实用实效性还不强。另一方面,新技术打破传统思维惯式,在学习认知和实践应用上,还需经历一个熟知过程。

(2)新技能掌握不多。新技术催生新的业务模式,所需的技能对人员素质要求更高,对广泛应用带来挑战。例如,在开展变电站无人机自主巡检时,部分班组对无人机操控技巧、三维建模、航迹规划未掌握,甚至认为是日常工作之外的“附加选项”,对此认识不够。

(3)新方法培育不优。班组技术创新仍有较大的局限性,在技术路线和实践转换上还缺乏针对性指导,原创性、突破性的创新成果较少。

(五)技术队伍支撑不强

(1)技术传承弱化。班组技术传承多依赖于“师带徒”式经验传授,还没有形成规范、完备的技术交接体系,在涉及班组人员变动后,原有的技术方向和工作方法面临“失传”的窘迫。而重构原技术框架不仅周期长,且重复劳动量大。

(2)技术评价片面。当前技术评价体系同质化,仅靠论文、专利、荣誉等维度,无法真实反映技术人员的实际水平,也无法衡量其解决问题的能力。日常缺陷消除、隐患整改、技术改造等实际技术贡献还缺少量化机制。此外,高难度工作存在客观的作业风险,容错机制的缺失也诱发了怕困难而不为、怕出事而不为、怕犯错而不为、怕担责而不为的思想。

三、数据驱动的新机遇

从实践上来看,知识结构、思维定式和行为惯性会严重影响技术管理的实际效果,高质量的技术决策始终是运检专业的短板,也是安全生产关注的重点。只有全面升级数字化、智慧化技术管理体系,才能摒弃以往经验式判断、行政式干预、粗放式执行,实现基于数据驱动的决策执行过程。

(一)以信息融合驱动资源共享

技术资源是公司宝贵的生产资料,是区别于实物资产外的知识产权。通过数字化手段集中保管、维护和更新技术资源,打通不同系统平台之间的数据接口,完成实物资产关联,既方便查找归集,又保护公司利益。通过发挥平台数据分析优势,多维度开展融合、分类和重组,可方便实现技术资源跨专业、跨平台、跨区域共享,支撑构建数字孪生的技术管理体系。

(二)以智慧决策驱动业务升级

坚持需求导向,构建新型应用场景,向传统运检业务赋能。利用数字化平台聚焦数据挖掘与价值转化,形成分析、监督、管控、指导等技术应用开发,在一定程度上实现智慧决策。在分析方面,借助统计学、大数据等技术,对日常技术工作进行刻画,借助可视化工具自动展示;在监督方面,根据业务流程位置,自动关联标准条款,实现精准匹配;在管控方面,嵌入原有作业系统,实现标准作业跟踪;在指导方面,基于知识结构预测,补齐技术短板,不断衍生技术管理模式创新。

(三)以流程再造驱动整体协同

实现公司整体协同是构建技术管理体系的最终目标。因此,应坚持公司“中台+应用”

的数字化技术路线，增强数字平台的交换性和互操作性，打通数据阻隔，实现信息协同；要构建技术知识框架，实现技术工艺、检修方案、技术报告的自动推送和透明展示；要打破技术壁垒，促进技术水平进步，实现组织协同；要优化业务流程，促进技术管理服务生产、营销、安全、调控等专业，推进事项规范、简化、优化，实现管理协同。

四、运检技术管理提升策略

（一）强化数字资料管理

（1）加快分散资源整合。围绕企业中台建设，构建以"集中存储、分级管理、共享方便、信息安全"为特征的数字资料管理平台，设置标准目录，实现技术资源的全量线上管理。

（2）汇编技术规范条款。汇聚国家、行业、公司各级技术标准规范，明确执行指导意见，形成运检技术规范库，实现条款级检索和引用，指导关联各类业务技术需求。

（3）完善资料管理机制。建立技术资源上传、维护、更新、归档、保密等各环节管理流程，规范日常信息录入，实现技术资源灵活管理，技术共享"一键移交"。

（4）构建运检知识体系。完善技术人员应知应会目录，实现专业知识框架可视化展示。

（二）推广数字基础应用

（1）开展智能分析。面向实用实效，开发运检专业数据分析应用，全量接入 PMS、移动作业等生产试验数据，对 67 类常规检测业务开展多维度分析，挖掘数据潜力，实现设备状态科学评价、运行趋势智能预测、潜在风险精准定位。

（2）构建主动预警。打通传统垂直体系架构，建立融合型技术预警体系，实现全省范围内典型缺陷和重大隐患一键推送、快速关联、智能标记，有力管控技术风险。

（3）实现工单驱动。规范技术监督全过程管理，根据检修任务和工作计划自动派发工单，实现数字化、透明化、流程化、痕迹化管控，提升技术监督实效性和严肃性。

（4）运用自动报表。关联设备监测数据，结合气象环境、检修计划、缺陷隐患库等，自动生成设备运行分析报告。

（三）强化技术合规监督

（1）实行关联审查。除技术方案本身外，对关联的勘察记录、工作票、安措票、倒闸操作票和标准作业卡一并实行技术关联审查，确保方案与现场、方案与票样一致，提升方案的针对性和匹配度，确保各参与方对技术方案理解一致、执行一致，规避"两张皮""临时修改方案"的风险，切实发挥运检实效化文本优势。

（2）修订标准工艺。完善标准工艺的管理机制，组织专业部门每两年按最新技术规范及反措要求修订标准化作业指导卡。

（3）强化标准执行。树立"工作票管安全、作业卡管工艺"的理念，加强作业过程技术督导，建立技术执行检查督导制度，将标准化作业指导卡视同倒闸操作票进行管控，严格执行技术标准和工艺流程，提升作业质效，保障设备运行安全。

(四)推进新技术实用化

(1)建立技术情报体系。在公司层面成立技术情报机构,通过人工智能等数字化手段,收集行业技术动态,了解新技术、新工艺、新材料应用,跟进政策、标准、规程变化,预测新兴技术发展前景,支撑公司数字化转型和创新战略落地。

(2)推广数字化装备。提升运检装备向单兵化、便携化、模块化、数字化发展,简化外部接线,减少人工干预,实现试验结果自动上传;加强智能运检体系建设,借助5G、物联网等技术,实现设备自主巡检、缺陷主动识别。

(3)加快技术迭代转换。以实用实效为目标,组织调研当前新技术应用过程中的难点痛点,充分考虑运维检修便利性,加快技术产品迭代。

(4)培育自主创新成果。加大一线创新投入,允许县公司级单位自主设置研究课题,鼓励员工自制工具、自研方法解决实际难题;加强创新指导,在全省遴选专家结对帮扶,提升一线创新能力。

(五)完善技术评价体系

(1)强化技术贡献度评价。克服技术评价唯论文、唯学历、唯奖项、唯项目倾向,提高画像真实性和客观性,利用现有或在建业务系统中的业绩,以类似“碳交易”模式,获得技术贡献度评价积分。例如,在风控系统中以承担三级及以上作业风险的次数、技术方案质量,PMS系统中消除缺陷数量等作为主要依据。特别是在开展数字化建设中,以支撑系统建设、整治数据台账、开发功能应用、共享技术资料等进行技术贡献度积分,以评价的压力倒逼数字化建设的动力。

(2)加强技术队伍建设。定期组织技术人员开展针对性培训,提高其业务能力和服务意识;特别是借助“两个建设年”和技术管理体系建设的契机,完善基层班组配置,营造“崇尚技术”的氛围,让技术人员在投身“四个转型”实践中有话语权、有获得感。

五、结论

电网数字化转型给运检技术管理提升带来新的机遇,在数据驱动的强大引擎作用下,更有利于统筹好发展和安全、保供和转型之间的关系。新形势下运检专业高质量发展,一方面要夯实数字基础管理,建立交互共享的数字化体系;另一方面要深化融合,以数据驱动促进业务提升和整体协同,让其成为生产、安全、班组建设的有力支撑。

参考文献

[1] 周丹阳.电力班组数字化转型实践[J].中国电力企业管理,2022(03):80-81.

[2] 高强,林松,韩海腾,等.基于区块链技术的数字化运检班组体系研究[J].电气技术,2022,23(1):89-94.

[3] 张伟东,高智杰,王超贤.应急管理体系数字化转型的技术框架和政策路径[J].中国工程科学,2021,23(4):107-116.
[4] 戚沁.数字化转型背景下电网企业实物资产管理面临的机遇和挑战及应对策略[J].企业改革与管理,2022(02):132-134.
[5] 丛尤嘉,周俊.基于大数据的变电数字化转型路径研究[J].电工技术,2022(02):81-82,85.

作者简介:

罗皓文(1989—),男,硕士,高级工程师、技师,国网荆门供电公司检修分公司副总经理、党委委员。

配电网建设管理现状分析及对策

张琪

（国网随州市曾都区供电公司，湖北随州　441300）

摘要：配电网工程的建设与发展与用电客户的日常生活息息相关，是关系国家民生的基础产业。近年来，我国配电网工程建设与改造项目较多，但在改造过程中仍存在较多的管理问题，其存在会间接影响改造工程的质量水平，更会对居民的用电体验及客户的满意度有着直接的影响。因此，本文结合配电网工程建设管理实践，从问题根源着手分析，提出针对性的管理方案。

关键词：农村配电网；工程管理；改进措施

一、配电网建设的研究现状

配电网工程立足电网整体发展需求，统筹专项工作方案，切实解决农村配电网难点问题。新建和改造相结合，注重节约和梯次利用，强化配电网结构，优化目标网架，提升配电网可靠性、经济性和供电质量。配电网工程项目管理具有全周期的特点，贯穿整个项目立项至工程竣工验收，每一环节构成了配电网建设的全过程，最终实现项目总体成本、质量、进度、用户满意度最优化。但是工程建设涉及的单位较多，各单位相互制约的同时又相互联系，部分配电网项目实施难易程度不同，需要项目建设方及辖区供电所的统筹协调才能保障项目的正确实施，这直接关系到工程的进度及质量。

国网随州市曾都区供电公司辖区内有220千伏变电站3座，110千伏变电站8座，35千伏变电站4座，35千伏配电站6座，供电面积1425平方千米，供电人口69.95万，设乡镇供电所7个，共有10千伏配电线路84条，长度1764.868千米，其中架空线路1740.955千米，电缆线23.893千米；配电变压器共计2332台，容量482.5兆伏安，配变单体容量206.9千伏安，柱上开关554台。

2021年共计完成配电网建设改造工程投资0.8亿元，新建、改造10千伏线路82.63千米，新增、增容配变112台，容量19700千伏安，新建、改造低压线路201.997千米。共计解决农村低电压台区46个，解决设备重过载14台次，消除设备安全隐患10处，满足新增供电需求7处。农村供电可靠率、综合电压合格率、户均配变容量分别达到99.84%、99.191%、1.745千伏安，较“十三五”期间数据指标显著提升，但农村存量配电网供电卡口和欠电压现象仍然存在。2021年曾都区辖区内出现欠电压问题的台区共计29个。2022年，截至5月6

日出现欠电压问题的台区共计7个，同比增长40%。“十四五”期间，湖北电网仍将投入1400亿元，配电网建设仍是电网发展的重点领域，建设管理工作任重道远。

二、研究重点及难点

（一）配电网建设发展需求与管理力量不相适应

（1）配电网建设工程整体体量大，与现有管理力量不相匹配，供电所缺乏对网改建设的有力支撑。

（2）专业管理链条长，协同难度大。配电网建设当前大多数节点还处于串联运行模式，造成有效施工周期大幅压缩，施工单位被迫赶进度、抢工期的情况仍有发生。

（3）施工管理人员缺乏因地制宜的管理理念，当出现问题时，依旧采用老套的方式方法或者依靠以往的经验来进行处理，没有按照实际的情况去制定解决方案，所导致的后果就是问题升级变大，从而影响了整个配电网工程的进度。

（二）施工作业点多面广，安全管控形势依然严峻

（1）专业管理力量不足，公司安全管理人员配置和实际能力不足，对安全管理要求、安全风险预警内容等不能做到及时有效传达，对施工现场管控力度不够，专业安全管理要求与人员力量配备矛盾突出。

（2）监理单位履职履责有待加强。部分现场监理人员配置、专业能力不足。

（3）施工人员的专业素养参差不齐，很多安全人员缺乏相应的资质，部分人员安全意识不足以及管理者对于施工人员的个人情况不够了解，造成岗位安排存在一些不合理的情况，很容易导致施工过程中的安全隐患不能够及时发现，从而发生违章行为。

（三）项目全过程管理仍需加强

（1）需求方案不精准，现场勘查不细致，初设深度待加强，项目储备不充足，预算编制质量参差不齐，物资需求提报不准确，现场施工标准化建设程度需加强，后期计划调整幅度较大等问题依然存在。

（2）计划停电指标少，配电网工程时间紧、任务重，前期准备工作不足，设备缺陷管理不到位以及用户设备检修和用户电源接入等工作随意性较强，导致经常出现停电计划变更、取消等情况。这些情况影响了配电设备停电计划的整体安排和执行，降低了配电设备检修计划的严肃性，有待进一步加强管理。

（3）重现场，轻后期，工程结算进度慢，资料不准确、不齐全等问题，给后续验收和审计工作带来麻烦。

（4）分包商业务承接不均衡，专业技术骨干流失严重，造成履约能力下滑。

（四）配电自动化建设及实用化进程滞后

（1）建设进度滞后。目前曾都区供电公司电网配电自动化有效覆盖率为15%，低于省供电公司平均水平。

(2)项目储备和计划安排未统筹考虑,配电自动化项目储备不足,配电自动化指标提升乏力。

(3)实用化能力不足。部分配电自动化终端未调试、接入主站系统,存在数据未上传或不对应,无法有效指导数据分析和系统应用。

(五)网改物资供应及设备质量存在问题

(1)物资分配到货时间过长,成套化、中转站等新模式供货在操作层面效率不足,严重影响工程进度。

(2)物资检测流程有待优化,存在物资抽检时间滞后和抽检不合格等问题,影响物资到货进度。

(3)入网设备质量参差不齐,配变、电力电缆等常用设备合格率不高等问题给后期电网运行带来隐患。

(4)仍存在少数厂家随意更换部件、整改时间过长等现象,入网检测、抽检中设备质量问题时有发生。

三、课题具体实施步骤

(一)深化规划管理

(1)坚持以目标和问题为导向,持续推进网格化规划,以网格化规划成果为基础,高质量完成“十四五”10 千伏及以下配电网规划工作。

(2)贯彻落实配电网项目管理流程要求,优化网改项目前期的工作机制,做好常态化问题收集、项目储备工作。

(3)做好网格化规划工作的完善和总结,严格执行“先审批,后实施”的工作要求,提炼经验,加强示范作用。

(二)深化项目设计质量管理

(1)强化设计质量管控。设计单位对施工区域进行实地考察,分析各个环节中的设计漏洞,系统梳理工程建设的关键部位和薄弱点,因地制宜进行差异化的规划设计,并加强县供电公司内审力度,严格执行设计评审、质量考核评价。

(2)强化设计变更流程管控,对重大设计变更未按规定程序审批而擅自处理的建设项目不予验收,并落实完工确认原则,严禁未批先调整或调整后补办手续等行为。

(三)深化物资质量管理

(1)按照“谁主管,谁负责”“管业务必须管质量”的要求,基于全寿命周期管理理念,强化专业协同、上下联动,全面梳理项目和库存物资调拨流程,建立适度物资“蓄水池”,保障物资充足供应,加强配电网建设改造全过程设备质量管控。

(2)做好前期的准备工作,对项目进度、物资进行有效管控,优化完善配电网标准化设计工作,严格执行典型设计及标准物料选用要求,保障项目的按期投产,力争做到项目保质保量无缺陷移交。

(3)严格按照里程碑时间节点推进项目进度,定期收集整理结算进度情况,并通报督办,及时协调各方处理问题,努力做到“完工一项,结算一项,退料一项”。

(四)深化作业安全管理

(1)深入学习贯彻落实配电网工程安全管理“十八项禁令”和防人身事故“三十条措施”,开展专项整治和检查。

(2)锁紧配电网建设安全管理责任链,落实县供电单位安全主体责任,固化网改办安全管理专职人员,优化供电所同进同出人员安全管理职责,实现现场履职率达到100%。

(3)强化作业计划管控和现场踏勘,优化作业计划审批和发布制度,分类分级发布作业计划和风险预警。同时,充分运用新技术,继续巩固作业计划准确率,提升工作成果,推动线上监督从“作业有视频,问题能发现”到“视频有效,问题挖深”转变,实现“问题早发现,数据能说话,人员受教育,习惯渐养成,安全有保障”,确保安全监督行之有效。

(4)加大“远程+现场”稽查力度,网改办切实履行“管业务必须管安全”工作理念,加大专业口安全稽查覆盖率,严格监督落实现场安全措施,坚决杜绝违章作业行为。

(5)加强专业安全培训,开展多层、多维、多轮的网改专业安全管理及安全作业培训,提升管理人员及参建人员安全管控能力和技能水平,培养网改专业安全管控“铁军”。

(6)加大违章处罚力度,通过远程和现场督查相结合的方式,建立“T+0”违章责任分析机制,加强违章通报、约谈、禁入管理,将安全工作同各参建单位履约情况紧密关联。

(五)强化计划停电管理

(1)在项目初设阶段策划好停电实施方案,项目管理单位要积极协调生产运行部门、参建单位,充分评估项目停电作业对电网运行的影响,积极采取不停电作业或者“一停多用”,降低对电网运行的影响。

(2)充分优化停电窗口,结合停电管理要求,最大限度降低对电网的影响,项目实施单位统筹资源优先把控和实施影响电网运行的关键施工工序,做到关键施工工序完工等停电,避免停电等施工。

(六)深化建设全过程管理

(1)深化“三个项目部”管理,进一步规范定员、定岗和办公场所标准化建设,开展班组承载能力动态评价,加强“三个项目部”在安全、质量、进度各方面责任的落实。

(2)加强进度管控,科学安排施工作业计划,加强“线上+现场”双管控,严格按照里程碑时间节点推进项目进度,加大进度滞后单位现场协调、督办力度。

(3)加强施工质量管理,组建验收专家团队,加强项目中间验收、竣工验收,加大质量通病治理和施工工艺管控,对配电网建设典型问题采取“零容忍”,确保质量隐患闭环整改到位,“零缺陷”移交投入运行。

(4)加强基础数据管理,进一步规范源头数据录入标准,做好项目全流程基础数据一一对应、准确。

参考文献

[1] 沈红留,李阳波.基于10 kV配电网线路的建设与改造分析[J].农村经济与科技,2019(02):60,71.
[2] 黄海.加快推进农村配电网建设 促进乡村振兴[J].农电管理.2021(01):30-32.
[3] 曹德发,沈均良.农村配电网低电压治理策略分析[J].农村电工.2021(10):40.
[4] 傅杰斐.配网工程管理中常见的问题及措施[J].化工管理.2017(14):234-235.

作者简介:
张琪(1986—),男,硕士,高级工程师,国网随州市曾都区供电公司副总经理。

公司供电服务指挥体系省侧建设运营工作探析

朱文婷

[国网湖北省电力有限公司营销服务中心(资金集约中心、计量中心),湖北武汉　430000]

指导人:禹文静　陈璐

摘要:深化供电服务指挥体系建设是一次组织架构的重构、队伍的重整、业务的重塑、流程的重建。本文基于供电服务指挥工作的发展历史和当前省侧供电服务指挥体系的运营模式,探析了"以客户为中心"的大服务理念下,供电服务指挥体系在省侧建设运营的相关工作思路。

关键词:供电服务指挥体系;深化运营成效;客户视角;三大管控

2021年是我国"十四五"规划开局之年,国网湖北省电力有限公司(以下简称"省公司")党委高度重视、前瞻规划,牢牢把握"人民电业为人民"的企业宗旨,从企业责任、社会发展、公司生存的大局出发,提出了构建"以客户为中心"的供电服务指挥体系(以下简称"供指体系")。

为进一步厘清管理思路,巩固运营经验,提升供电服务水平,本文选取有代表性的市县供指中心开展现场调研,组织座谈研讨,重点探析供指体系在省侧建设运营的相关工作,进行若干思考。

一、供电服务指挥工作的历史沿革

国网公司系统于2002年开通95598供电服务热线,公司始终把人民群众对美好生活的向往作为奋斗目标,不断调优供电服务指挥工作流程。其主要经历了4个阶段:

(1)分散管理阶段。2002年以前,各个基层供电所按照辖区受理客户通过传统渠道反映的诉求,供电所自行处理,回复客户。

(2)地市客服中心统一受理阶段。2003年至2012年,各地市公司95598客服中心集中受理客户电话诉求,派发至各区县公司客服中心处理反馈,地市回访客户。

(3)国网客服中心集约受理阶段。2013年至2021年3月,国网客服中心话务集约、统一受理派单。除投诉、意见派至省营销服务中心,故障报修、业务申请等均由国网客服直派市或县供指中心处理,国网回访客户。

(4)省公司供指体系建设运营阶段。2021年4月以来,省公司通过聚焦问题、优化流程、管控节点、强化管理,建成了有完整的理论依据、完备的组织架构、科学的管理机制、有效的工作方法的可持续促进服务提升的供指体系,为省公司走好“四个转型”发展路径提供了重要抓手。深化供指体系建设是优化营商环境的根本大计,是继“95598”之后聚焦电力优质服务“生命线”,进行的第二次服务体系上的根本飞跃、管理机制上的质的提升。

通过一年多的努力,供电服务归口管理,“14+80”市、县两级供指中心全面建成,城区营配末端业务组织模式重构,配网抢修“直通直达”。在这个完整的指挥、作业和服务体系的深化运营下,全省服务成效不断凸显。继2022年春节实现历史首次7天95598、12398“零投诉”后,截至2022年5月11日,95598投诉同比下降96.14%,排名全网第17位,排名创下自2013年95598话务集中至国网以来的历史最优纪录。2022年全省累计“零投诉”116天,最长“零投诉”周期达28天,6家供电单位保持“零投诉”,均创历史纪录。

二、当前省侧供指体系的运营模式

(一)主要做法

(1)优化了省级机构职责分工。明确供电服务管理职责由省公司营销部门归口,相关职能部门、省级支撑机构配合,整合分散在各专业的服务资源。

(2)健全了省级工作制度规范。组织营销、人资、配电等部门,梳理修订各层级制度规范273个,健全了省级工作制度,搭建了考核评价体系。

(3)加快了系统中台化改造。倒排时间计划和任务,集中部署技术、业务力量,组建项目专班协作攻坚,为体系运营提供了业务中台。

(4)停电管控措施更精准。通过开展省侧日常监控,对所有线上的停电事件、客户停电诉求进行了归集分析、跟踪管控。建立省侧会商机制,针对停电计划安排、信息发布质量进行会诊,反馈评估意见,督促落实整改;建立“日审核、日通报”机制,通过系统监测预警计划停电、故障停电次数与时长,督办缩短停电时间,安抚客户情绪。2021年8月以来,审核停电信息4.01万条,督办故障工单1.58万件。2022年一季度,频繁停电线路数量同比下降27.83%,频繁停电投诉同比下降96.58%。

(5)业扩管控流程更透明。通过系统模块功能优化,形成一套新的业扩流程机制,所有工单流程在线管控,“两预约”数据归真。贯通系统流程,抽检“两预约、一回访”录音,省侧按日、周监测通报预约履约、时间偏差、高低压业扩报装配套项目上线等指标,督办市供指开展专业协同“控中间”,对异常问题开展预警督办、通报考核并跟踪闭环。2021年8月以来,抽检业扩录音10794件。2022年一季度,省公司业扩报装预约、履约及时率分别为99.93%、98.68%,客户满意率达99.88%。2021年9月30日至今,全省业扩报装已连续实现194天“零投诉”。

(6)投诉管控手段更细致。建立投诉流程各个环节管控机制,督办供电网格服务质量,将投诉风险管控关口前移。省侧从受理环节研判客户录音,分析服务风险,制定供电网格服务策略;对人员服务行为等投诉提级开展省级直查;开展省侧人工电话回访,抽查网格电话接听质量,闭环跟踪客户满意度;将意见业务纳入投诉同质化管理。2022年一季度,95598投诉同比下降95.79%,百万客户投诉数量指标稳居国网前10名。

（二）主要成效

（1）建成了一套完整的新型供指体系。体系以市供指中心为龙头，覆盖了市县直至客户，改变了以往仅关注工单接派、回复，不关注与客户诉求的衔接，对一线人员指挥的障碍多、层级多问题，加强了对供电服务的指挥能力。

（2）建立了多专业协同的工作机制。省侧以省营销服务中心客户服务部日常监控为主，具体支撑营销部门客户处，与发现问题的职能部门进行协同调查、分析，形成贯通联动的工作流程，使服务问题及时发现、及时处理。

（3）汇集了大量有价值的服务数据。省侧基于“三大管控”业务要求所开展的工作，汇集了大量线上服务数据，通过数据分析挖掘，提供给各专业部门以掌握客户关注的问题，做到提前介入。

三、存在的问题分析

（1）省侧供电服务支撑机构的职责还不够明确。省公司43号文对市县供指体系相关机构职责进行了明确，省侧供电服务支撑机构对市县两级的管理职责还需要进一步明确。另外，省公司虽然明确了营销部门的归口管理地位，但营销、配电等均对市供指中心开展业务指导，市供指中心作为市一级的职能部门，在省侧缺少“娘家”，从而缺乏发挥考核职能的底气、硬气。

（2）省侧职能部门、支撑机构的客户视角还没有完全打开。不同部门、不同处室承担各自专业领域的工作，落实各自的专业管理要求，关注的工作方向不同。“以客户为中心”的理念虽然形成了，但客户视角、业务视角之间还需要合理调控。

（3）省侧的专业部门参与省侧运营的力度还不够。省侧各专业部门较多关注本专业在市县的“主建”情况，没有将自身深度纳入主建范围。

四、下一步工作思考

综合以上论述，主要从“以客户为中心”的理念出发，以问题为导向，对今后的省侧建设运营工作如何开展提出如下工作思考。

（1）进一步优化省级机构职责。建议强化供指体系作用，成立省级供指中心，对下级供指体系履行管理职责，或以省营销服务中心为主体，依托“三大管控”，对客户服务部内设机构进行相应调整。部门内设机构要匹配“三大管控”的业务要求，充分发挥省级供指中心在全省供指体系中的监督指导、预警督办、日常管理的职责定位，提高省侧运营能力。

（2）进一步促进业务深度参与。建议采取“业务管理＋服务管控”的方式，将业务管理和服务管控工作进行集成，使业务管理深入参与省侧工作，业务管理人员与客户诉求更加接近，在分析查摆问题、研究管控措施、优化工作标准时，能从业务流程的执行层面中更快发现问题，在省级供指中心做到快速研判执行效果，进行迭代升级。

（3）进一步推动转变客户视角。省级职能部门进行数据分析与通报发布，还没有与相关业务部门的专业深度结合，发现问题本质的原因。建议建立把“分析发现的数据问题交还给业务问题”的工作机制，让业务部门深入到诉求分析中来，推动业务部门进一步关注客户热点难点诉求，查找和解决省级在服务意识、管理方面的问题。

(4)进一步优化管控措施。随着业务发展、中台上线，停电管控建议拓展到对停电计划合理性、带电作业与停电计划的关系匹配、配网运维管理质效、网改效率、精准投资等方面的分析监督；业扩管控方面，适时纳入发展部、财务部相关业务环节；投诉管控建议拓展到对供指体系运转的综合评价、城区服务站和配网抢修班的配合指挥情况、基层创新试点的机制运营成效、业务流程优化等方面。

作者简介：

朱文婷(1980年—)，女，大学学历，副高级职称，国网湖北营销服务中心供电服务调度中心主任，主要研究领域：供电服务指挥体系建设运营、优化营商环境。

推进智慧后勤信息平台建设，助力公司“四个转型”

柯望

［国网湖北后勤中心（国网湖北实业公司），湖北武汉　430000］

指导人：李涛　张凯

摘要：本文阐述了电网企业进行数字化转型的必然性，以国网湖北后勤中心（国网湖北实业公司）所进行的数字化转型作为案例，论述了智慧后勤信息平台建设、应用及特色，分析了“11010”能效托管工程推进过程中会遇到的困难，提出了相应的解决办法，可高效助力综合能源服务商务转型，从而为电网企业“四个转型”发展赋能。

关键词：数字化转型；智慧后勤；智慧后勤信息平台

随着大云物移智链等信息技术的飞速发展，新一轮数字革命和能源革命深度融合，深刻改变着能源电力和经济社会发展方式，加快推进公司和电网数字化转型，深化数字技术在电网规划、生产、经营和服务全过程的应用是推动企业改革发展的战略选择。2022 年，国网湖北省电力有限公司第二次党代会提出“四个转型”发展战略，明确了向综合能源服务转型的企业转型路径。结合综合能源服务“11010”项目，通过提供“一站式”的后勤服务解决方案，输出智慧后勤信息平台，整合后勤服务资源，尽可能多地满足不同业主对综合能源服务＋物业后勤服务的需求，为电网企业“四个转型”发展助力赋能。

一、数字化时代下的后勤新发展

世界经济数字化转型是大势所趋，新的工业革命将深刻重塑人类社会，要加快发展数字经济，推动实体经济和数字经济融合发展。国网公司提出数字化是适应能源革命和数字革命相融并进趋势的必然选择，是提升管理改善服务的内在要求，是“育新机开新局，培育新增长点”的强大引擎。省公司提出“四个转型”发展战略，其核心内容就是依托数字化手段建设能源互联网企业，全环节数字化是推动企业转型的必经之路。后勤作为电网企业的重要组成部分，为电网企业正常运转和建设发展提供保障的基础性工作。加快后勤领域的数字化转型，以科技创新带动提升后勤物业管理与服务水平，通过数字化推动后勤服务和数字技术融合创新，释放数据“倍增效应”，深挖数据价值，拓展生态圈，打通产业链上下游共同发展，满足职工多元化、差异化、个性化的诉求，切实解决后勤服务的数据壁垒、环节堵塞、流程复杂等问题，成为推动公司数字化转型、高质量发展的不二选择。

二、构建智慧后勤生态圈

2022年以来,后勤中心主动顺应数字经济发展趋势,坚持“全要素发力”,积极探索数字化技术在后勤物业服务中的创新应用,取得了开创性成果。

(一)智慧后勤信息平台建设

以“智慧后勤信息平台”为载体,对内持续优化公司服务管理流程,推进房产设备资产数字化、全寿命周期管理,实现资产管理、安全管控、服务流程线上可视化、可量化、可评价;对外加快构建覆盖“医”“食”“住”“行”四大服务领域的“智慧后勤”生态圈,以数字化转型为公司高质量发展赋能。

(二)智慧后勤平台应用情况

自2020年12月推广“智慧后勤信息平台”以来,注册人数由最初的523人增长至2244人,增长率达329%。

(1)通过“网上商超”模块对接京东企业大客户购物平台,实现员工线上购物,线下直配到家的服务功能,解决食堂产品供应种类单一、配送困难等服务卡口问题,切实满足员工食堂就餐的多样化消费需求。

(2)积极协调统筹公司现有蔬菜基地、麦德龙商超、梨园食堂餐饮服务资源,通过“我的菜篮”模块,为省公司机关等七家在汉单位员工提供基地绿色蔬菜、肉蛋禽奶、水果甜品、健康面点等食材团购服务,切实解决员工下班买菜难问题。

(3)联合国内高端医疗健康平台提供商合作开展“健康管理平台”建设工作,构建覆盖“检、诊、医、药、教、险、康”全流程、全方位的员工健康管理体系,实现员工体检健康大数据存储、远程线上问诊、“1+1+N”家庭医生、就医绿色通道、在线购药直配到家、医疗健康保险线上购买等多项互联网+医疗服务。

(三)智慧后勤信息平台特色功能

紧紧围绕企业经营管理中的重点和难点,应用数字化技术手段,推进实施企业内部管理流程再造。

(1)聚焦梨园食堂信息化管理手段落后的现状,推进“进销存系统”和“智慧餐饮系统”的建设工作,持续优化食堂进出库管理流程,实现食材、货品全流程管控,确保账实一致;升级餐盘与智能支付设备,可实现餐品自动识别,扫码、刷卡、刷脸三合一等无感支付功能,提高用户就餐效率和就餐体验。

(2)聚焦电煤信息收集与报送技术手段落后的现状,开发“电煤信息报送”信息模块,实现信息便捷报送、数据自动汇总、纠错提示等功能,大幅提升数据报送及时性与准确性。

(3)聚焦物资采购管理流程冗长、信息管控手段落后的现状,推进“物资采购供应系统”建设工作,让“数据多跑路、员工少跑腿”,打造后勤中心全域物资物料一站式采购服务平台。打通财务预算管理与物资采购管理流程,实现部门预算自动分配、多供应商货品在线比选,以及采购申请、审批、结算全流程线上管理和货品线下直配到公司等服务功能,大幅提升物资采购管理效率、大幅压减采购平均成本，持续推进公司物资管理降本增效。

三、助力综合能源服务商务转型

（一）“11010”能效托管工程

省公司2022年工作会议文件要求，市县公司抓项目、抓推广、抓市场，形成“一市一策”“一县一品”，加快推进智慧能源平台建设，实施县级“11010”能效托管工程（1家医院、10所学校、10栋楼宇）。该项目通过“供电＋能效”的服务模式，实行县级医院、学校及政府机关单位的能源托管服务，提高公共机构能源资源利用效率，有效降低行政运行成本，达到县级政府高质量发展。公共机构将水电气等能源费用托管给国网，国网为其提供节能技术改造、后勤一站式平台建设、代缴水电气及能源经理服务等一系列服务举措，提升公共机构能源管理与服务水平，实现节能降费，提高公共机构能源资源利用效率，有效降低行政运行成本，助力实现该公共机构高质量发展。

（二）项目推进中的困难及壁垒

对于具有服务需求的公共机构，水电气等能源管理职责一般设置在后勤部门，而公共机构后勤部门往往不愿意将电力能源单独托管。为了实现全面统一“打包”托管，就必须将综合能源管理系统和智慧后勤管理系统整合为“智慧管家”，为公共机构提供综合能源＋智慧后勤的“一站式”服务解决方案，在助力公共机构实现节能减排增效目标、取得良好社会效益的同时，提升该机构后勤管理服务智能化水平，让员工真正享受数字化后勤服务的红利。

（三）助力“11010”项目，为电网企业“四个转型”发展赋能

后勤中心智慧后勤信息平台现已打造实现“医、食、住、行”六条业务线，有望在助力“11010”项目实施过程中不断提升托管服务的精度和准度，解决客户反映迫切的能效利用问题，“精雕细琢”满足企业与市场的双赢，为湖北省各公共机构的低碳、绿色发展提供可供思考借鉴、复制输出的示范样板。

（1）健康业务。合作英大人寿和京东健康平台，提供专属“1＋1＋N”家庭医生、就医绿色通道、在线购药直配到家、医疗健康保险线上购买等服务。打造健康管理模块，实现搭建信息化、智能化健康管理服务体系的目标，为职工用户提供健康管理数据可视化、用户健康管理线上线下全流程服务。

（2）网购业务。打通职工福利商城与京东企业商城，采取职工用户积分兑购，支持商品配送及售后服务。打造网上商超模块，实现职工用户线上手机购物，线下直配到家的服务功能，切实满足用户多样化消费需求。

（3）团购业务。引入膳食中心、安心农场、爱心扶贫、家电下乡等产品团购业务，支持集采集购和商品专场。打造“我的菜篮”模块，实现每周定期团购有机绿色蔬菜、面点粮油、肉蛋禽奶、小型电器等食材及日用品团购服务，切实解决用户下班后“买菜难”等问题。

（4）出行业务。合作“曹操专车”“e约车”等新能源打车平台，提供线上预约、接送和包车服务。打造绿色出行模块，倡导、推广绿色出行，引导职工用户使用新能源汽车“以电代油”

绿色出行的新生活方式。

(5)后勤业务。打造燃料信息报送、视频监控管理等应用类模块,实现如下功能:

①视频监控。通过监控摄像头的布点,分区域、分角色、分账号完成重点区域的布控,并实现现场语音播报、云台控制等功能,监控工作严格按照权限管理。

②燃料信息报送。通过关键信息填报、信息存储和分析、报表展示等流程,实现燃料类数据的进、存和预测功能,燃料信息数据及资料由公司经营部门负责填报。

③其他服务。打造活动宣传、推广、提醒服务,发布相关图文展示和关键信息,对用户提供宣传、告知和提醒服务。

以实现智慧后勤信息平台与智慧能源管控系统的良好结合为预期目标,建成全方位、全周期、全流程的"智慧管家"服务平台,达成"智慧能源管家、智慧设备管家、智慧办公管家、智慧生活管家、智慧健康管家"一站式管理,成为真正绿色、智慧、节能的后勤服务供应方,为全面推进省公司"四个转型",综合实力迈入"华中区域领先,国网第一方阵"贡献后勤力量。

作者简介:

柯望(1987—),男,高级经济师,硕士学位,国网湖北省电力有限公司后勤保障部本部事务处处长。

关于地市思极分公司业务运营工作的研究

邓三国

［国网襄阳供电公司互联网部（数据中心、国网襄阳思极科技分公司），湖北襄阳　441000］

指导人：孙朝霞

摘要：湖北思极公司和地市思极分公司是国网湖北省电力有限公司（以下简称“省公司”）电力基础资源商业化运营的主体，是贯彻落实省公司新兴产业工作部署、推动新兴产业高质量发展的重要抓手。目前，省公司已经明确了思极公司的发展战略。如何结合地市实际开拓市场、开展业务运营，是各地市思极分公司亟待研究和探索的主要问题。本文通过对襄阳思极分公司业务开展情况进行调研，对地市思极分公司的业务运营工作提出相关建议，以期为思极业务运营提供参考。

关键词：新兴产业；思极业务运营；电力基础资源；数据应用

一、课题研究背景

为贯彻落实新兴产业工作部署，推动新兴产业高质量发展，省公司于2021年9月分别成立了湖北思极科技有限公司及14家地市思极分公司，明确了思极公司为基础资源商业化运营主体，初步建成省地两级运营体系。

据统计，省公司系统共有杆塔376万基、变电站2094个、开闭所3701个、配电室20294个、营业厅1098个、电力光缆8.24万千米，电力基础资源商业化运营资源十分丰富。为加强对电力基础资源的开发利用，省思极公司精心编制了“1＋7＋N”的产品体系和产品清单库（“1”为一个电力基础资源运营平台，“7”为七类基础资源产品，“N”为满足各类客户需求的个性化、定制化产品），为地市思极分公司业务运营工作提供指导。

为深入了解地市思极分公司的业务开展情况及存在的困难，本文以襄阳思极分公司为调研单位，通过查阅文件、访谈、座谈交流等方式开展调研，并结合调研情况提出相关建议。

二、襄阳思极工作开展情况

襄阳思极自成立以来，迅速完成机构、职责及人员配置，以光缆附挂基本业务为突破口，强化与地县两级通信运营商的商务洽谈，扎实推进5G基站、机房共享合作，积极探索数据应用及增值服务,取得了较好成效。

(1)初步建立地县(市)两级工作体系。高效完成思极分公司注册组建,及时深入各县(市)公司开展基础资源商业化运营工作调研,督导各地县(市)公司组建基础资源项目部,并对合同主体变更、产品价格、商务谈判策略等进行政策宣贯,形成地县(市)一盘棋的工作格局,统筹开展地县(市)资源管理、商务谈判、合同签订等工作。广泛开展走访调研,与地县(市)两级通信运营商全面开展商务洽谈,建立联络机制,宣贯公司政策,召开6次基础资源商业化运营工作推进会,初步建立了基础资源运营产品及服务体系。

(2)逐步规范光缆附挂基本业务。全面梳理各电压等级可用杆塔、站房、沟道、光纤等资源,建立统一管理的基础资源台账,为商务谈判奠定坚实基础,2021年实现营收251.9万元。扎实推进光缆附挂业务规范化管理,向各通信运营商送达《国网襄阳供电公司关于开展电力杆塔外挂附件隐患清理的告知函》《湖北思极科技有限公司襄阳分公司关于商请支持电力杆塔附挂通信光缆规范化管理的函》。以枣阳为试点,联合运营商开展光缆附挂现场核查及清理工作,并进行拍照、签字等痕迹化管理,目前移动公司初步签字盖章认定杆塔74793基。

(3)不断拓展基础资源共享业务。按照省思极业务指引,积极拓展光缆附挂业务之外的光缆类、基站类、机房类共享业务,开展了9座数据中心站建设与消纳;在襄州、谷城、枣阳与运营商合作共建3个5G机房,在宜城共建2个屋顶5G基站;开展电力杆塔和移动基站复用技术攻关,完成各电压等级角钢塔共享建设5G基站设计、安装与施工方案的研究验证,并编写了《电力设施共享建设5G基站运维技术规范》,为后续全省5G基站附挂电力铁塔业务打下坚实基础;积极配合省思极开展湖北电力系统新能源通信专用接入网(即湖北思极网)建设工作,完成襄阳地区9个站点通信传输设备安装调试工作。

(4)创新突破数据应用与增值服务。与中国建设银行襄阳分行签订"电力+金融"大数据应用战略合作协议和商务合同,数据增值服务收入排名全省第一。基于数据中台打造的"供电所运营数据管控平台"在基层供电所试点应用;全力服务、全面融入襄阳市"一网统管"建设,积极利用电力数据分析研判经济发展态势,为政府部门决策提供电力数据支撑,编制的"电力看经济""电力看商圈""电力看住房空置率"等报告获市政府高度评价与肯定。

(5)积极探索5G技术应用场景。深入学习国网5G应用成果集的实践案例,结合襄阳公司数字化应用开展情况,精选基于5G技术的智慧安监,5G+智能全景化开闭所、变电站移动终端、变电站主辅设备监控,基于5G的配电自动化终端遥控以及基于5G的检储配项目等应用场景,扎实开展基于5G切片的湖北电力5G验证网建设,力争形成典型应用方案,切实提升5G应用价值创造能力和投入产出效率。

三、存在的问题和困难

(一)业务运营体系尚不完善

(1)市场开拓及业务运营的相关制度、标准不明确。缺少刚性执行的政策支持、法律保障、定价标准,存在合规性方面的问题,对于哪些能做、谁来做、怎么做、怎么运营等缺乏统一标准,对于成本性、资本性支出名目尚未明确,地县(市)思极只能"摸索式""一事一议"推进,市场开拓存在较多困难。

(2)内部协作机制尚不健全。省地两级思极公司与其他新兴产业单位、省管产业单位之间没有建立常态化的内部沟通机制,相互之间未进行信息共享,无法形成合力共同开拓外部市场。

(二)数据应用运营有待深化

(1)企业级的数据平台尚未完全打通,工作中存在取数难、用数难、分享数据难等问题,且营销业务应用、PMS2.0等系统的数据还存在一些质量问题,影响了数据分析应用的准确度和说服力。

(2)数据运营服务目前尚未探索出较为成熟的商务模式,数据权属、数据安全性、数据服务定价等缺少规范和标准,可能会出现同类产品不同单位报价差异较大的问题。

(三)人员、资金、技术储备不足

(1)专业人员较为短缺。襄阳思极目前专职工作人员仅有2人,而地县(市)域项目部仅有1～2名兼职人员,且均为“半路出家”,市场开拓及营销经验稍显不足。

(2)缺乏资金来源。省思极公司未给地县(市)思极下拨启动资金及成本费用,需要依靠公司主业下达专项资金计划或者自身创造营收才能产生投资能力。

(3)核心技术储备不足。数据增值服务方面原始创新能力不足,主要依靠厂家及外包团队开发产品,存在被管道化的风险。

四、工作建议

(一)坚持顶层设计,实现省地(市)思极一体化运营

(1)完善思极省地(市)两级运营机制。组建省地(市)两级思极公司运营团队,建立与地县(市)公司协同工作机制,编制业务运营规范,统一业务运营标准,实现规范化管理。

(2)统筹电力基础设施资源,实现分公司业务发展。依托基础资源运营平台,按需迭代升级平台功能,编制并印发《基础资源运营平台运营指导手册》,实现基础资源全业务全线上办理。

(3)协同共建生态圈。对内建立健全省地(市)两级思极公司与其他新兴产业单位以及省管产业单位之间的常态化沟通机制,通过基础资源运营平台,吸引电动汽车、综合能源、华工科技等产业单位,实现资源信息交汇,进而利用基础资源商业化运营平台的资源去开拓市场,对外服务,引流客户,共建生态圈。对外要全方位依托供电公司优势资源,加强与各行业、各类企业的合作,形成内外部“共商、共建、共赢”的产业发展生态。

(二)强化用管统筹,拓宽数据应用及增值服务

(1)加快完善与推广企业级数字基础平台应用。以电网资源同源维护工作为契机,进一步加快数据中台、技术中台、能源大数据平台等数字化平台建设进度,携手各专业按照“平台+应用”的架构和“业务+技术”双牵头的模式,创新探索更多数字化应用,充分挖掘公司内外部数据资产价值,既为电网数字化转型提供有效支撑,也为数据应用与增值服务打下坚实基础。

(2)拓宽数据增值服务面。基于“襄电能效管家”“电力碳银行”“机房(基站)用能监测”等领域,依托“电 e 金服”深化产融协同,挖掘上下游合作伙伴、用户和政府部门对电力大数据产品的需求,打造电力大数据拳头产品。坚持发布“电力看经济”“电力看商圈”“电力看征信”等报告,为政府科学决策和经济社会发展贡献力量,争取政府在数据服务定价以及基础资源共享等方面的政策支持。

(3)积极探索信息通信数据增值服务。依托电厂代维业务优势及通信技术优势,开展电厂通信设备状态评价数据服务,为用户制定偶发故障处置预案及涉网安全整改方案。依托湖北思极科技运营的各类云数据中心、边缘数据中心,为新能源场站各类子系统提供算力服务和安全防护解决方案,优化新能源公司基础设施运行基础环境,提高整体网络及安全防护水平,保证新能源公司业务得以高效、稳定、安全地开展。

(三)鼓励创新探索,激发人员活力和内生动力

(1)打造培养新兴产业人才队伍。高度重视新兴产业人才梯队建设,结合业务发展,梳理所需专业化人员清单,加大人工智能、大数据分析等领域的人才培养与人才引进,打通系统内部选拔和系统外部选聘“两条通道”,不断强化公司人才队伍建设。适当放宽市场主体薪酬分配自主权,将薪酬分配向项目主力骨干、创新一线人员倾斜,激发人员活力和内生动力。

(2)加大资金支持力度。进一步加大资金投入力度,拓宽融资渠道,给予地县(市)思极更多资金支持。鼓励基层开展项目、商业模式探索和创新,对优质项目、市场开拓成效显著的单位进行资金和政策倾斜。

(3)强化专业赋能。建议在省公司层面联合国网产业单位与高校,建立新兴产业研究室或技术攻关室,以课题或项目为抓手,吸纳地县(市)思极人员进入团队,以项目跟学的方式提升核心技术能力。持续开展新兴产业及新技术大讲堂系列活动,引入外部厂商及高校师资力量,以“线上+线下”结合的方式开展数字化转型、新兴产业、5G、电力人工智能平台等新业务、新业态、新技术培训,以达到专业赋能、科技赋能、人才赋能的目的。

五、结语

新兴产业新在增长模式和“价值链”的提升,新在技术、产业和商业模式的革命,发展过程中遇到挑战和困难在所难免。思极公司在发展过程中,既要坚持顶层设计、创造良好的政策环境,又要鼓励基层实践探索,因地制宜探索有利于新兴产业发展的解决方案和参考案例,营造出上下良好互动、协同共进的氛围,用“改革的办法”最大限度调动干事创业的积极性,不断破解难题,形成“湖北思极”品牌化效应,真正成为公司未来新兴产业的重要支撑。

作者简介:

邓三国(1986—),男,大学本科,高级工程师,国网襄阳供电公司互联网部(数据中心、国网襄阳思极科技分公司)副主任兼国网襄阳思极科技分公司副总经理。

新时代红领党建在基层实践与升华的探索

袁锋

（国网湖北电科院，湖北武汉　430000）

指导人：韩刚

摘要：为深入贯彻国家电网公司党组和国网湖北省电力有限公司（以下简称“省公司”）党委关于持续推进“旗帜领航”党建工程的工作部署，国网湖北电科院（以下简称“电科院”）以打造省公司“红领党建”基层特色实践载体、创建“党建＋科技创新”示范工程为契机，培育了以“红色引领、创新创造”为价值的“红·创”载体。同时，提出推动红领党建在基层实践升华的思路，探索新时代红领党建在基层实践升华的模式，并通过实际成果案例对该模式的推广性、实用性进行了论述。

关键词：旗帜领航；红领党建；“党建＋科技创新”；“红·创”载体

一、引言

近年来，国家电网公司党组大力推进“旗帜领航”党建工程，实施党建登高计划，实现了党建工作的系统性重塑和实质性加强。2022年，在省公司党建、宣传、工会工作会上，公司党委提出了坚持“旗帜领航”、升华红领党建、打造新时代红领党建品牌的重要决策部署，要求各级党组织深刻认识升华红领党建的价值意义，科学把握方法路径，准确把握目标任务，推动公司党建工作高质量发展。

国网湖北电科院作为省公司重要的技术高地、人才高地和创新高地，聚焦省公司升华红领党建的总体思路，结合电科院科研型单位的职能定位，探索建立了一套在党建保障引领下的技术支撑和创新发展相互融合、实现企业高质量发展的工作模式，并持续总结提炼，上升为适合在省公司系统范围内推广的经验做法。这对于提升省公司红领党建品牌的影响力和美誉度、助推省公司系统科技创新工作跨越发展、加快实现“华中区域领先、国网第一方阵”具有重要的现实意义。

二、红领党建在基层实践升华的思路

针对升华红领党建“怎么做”，省公司党委提出了“坚持旗帜领航，增强系统观念，树立用户思维,运用工程概念,强化登高意识,实施品牌运作”的方法路径。要推动红领党建在基层实践升华,就必须持续强化“七种思维”,不断提升工作的科学化、规范化和制度化水平。

(1)强化政治思维。必须坚持旗帜领航,持续提升政治判断力、政治领悟力、政治执行力,以党的旗帜为旗帜,以党的意志为意志,以党的使命为使命,以党的方向为方向,从坚定捍卫“两个确立”、坚决做到“两个维护”的政治高度不折不扣地贯彻落实党中央决策部署,认真落实上级党组织工作要求,为红领党建在基层实践升华提供根本保证。

(2)强化战略思维。紧紧围绕“四个革命、一个合作”能源安全战略、国网公司“一体四翼”战略布局和省公司“华中区域领先、国网第一方阵”发展目标开展党建工作,把党委“把方向、管大局、促落实”的要求落到实处,不断增强党建工作的政治引领力、价值创造力和发展支撑力。

(3)强化系统思维。从整体上、全局上认识问题,坚持顶层设计与基层落地相结合、坚持整体谋划与局部推进相结合,将党建、党风廉政、宣传、工会等“大党建”工作融为一体,将组织领导、过程管理、责任落实、考核评价贯穿工作全过程,为红领党建实践升华提供机制支撑。

(4)强化用户思维。坚持以用户为中心,从企业发展、广大党员、职工群众以及客户需求出发,以解决用户的现实诉求和实际问题为突破口,精心设计工作载体、明确工作路径,把党建工作做到群众的心坎上,夯实红领党建在基层实践升华的群众基础。

(5)强化质量思维。坚持高标准与高质量有机融合,在扎实落实上级各项党建工作的基础上,把质量意识贯穿于制度制定、督导检查、考核评价和结果运用全过程,确保党建工作的每个环节都把握本质、符合规律、务求实效。

(6)强化价值思维。突出价值导向,推动党建工作与生产经营工作深度融合,把“两个作用”充分发挥出来,把广大职工广泛凝聚起来,彰显红色引领的重要价值,汇聚创先争优的强大势能,切实将党建做实为生产力、做强为竞争力、做细为凝聚力。

(7)强化创新思维。以打造品牌的理念推动党建工作,着力推进理念创新、机制创新、方式方法创新,对内加强品牌锤炼、文化塑造和精神凝练,对外加强“个性化、可视化、互动化”传播,形成上级组织充分肯定、基层单位心悦诚服的“品牌效应”。

三、红领党建在基层实践升华的实践路径

电科院是省公司重要的技术高地、人才高地和创新高地,现有员工 303 人。其中,党员 219 人,占比 72.3%;硕士、博士 211 人,占比 69.6%。近年来,电科院党委坚持党建服务生产经营不动摇,探索形成了一套新时代红领党建在基层实践升华的工作模式,并取得了一定的成效。

(一)突出把关定向,以“一个载体”确保落地落实

电科院党委精准对接国网战略,锚定全面建成“创新型、创造型”一流电科院的发展目标,提出以“红色引领、创新创造”为价值理念,精心打造“红·创”实践载体,推进科技创新和技术攻关。通过载体打造,厚植“红色引领、创新创造”价值理念,引导院各级党组织和广大党员知晓、认同并实践,带头践行国网战略目标和企业发展目标,争当科技创新的排头兵,让

创新活力充分激发、创新人才充分涌现、创新价值充分彰显。

(二)突出谋篇布局,以“七项行动”确保实践升华

(1)实施“红·创”领航行动,着力抓引领。通过党委中心组学习、“三会一课”等方式,不断深化思想理论武装,坚定广大科技工作者自主创新、聚力攻坚、勇攀高峰的信心和决心。同时,大力弘扬科学家精神、“两弹一星”精神,持续完善科技创新激励机制,强化科技创新思想引领和组织保障,为科技创新工作定向领航。

(2)实施“红·创”蓄能行动,着力抓融入。以“红·创”之基、“红·创”之声、“红·创”之星、“红·创”之光、“红·创”故事“荟”等平台构建“红·创”实践的四梁八柱,倾力打造“红·创”硕博论坛等活动载体,通过头脑风暴、观点交锋以及参加国内外专家交流论坛等方式,不断更新员工知识结构,拓宽创新视野,促进全域创新并使之蔚然成风。

(3)实施“红·创”集智行动,着力抓基础。积极探索“党建+”协作模式,依托党建项目“集智”,增强科技创新的集聚效应和规模效益。通过“红心结”结对共建、战略合作协议等方式,对内加强与兄弟单位的沟通交流,促进需求对接,提升创新效能;对外加强与科研机构、高校、企业的合作交流,实现集中攻关、合作共赢,推进“产学研用”协同共进。

(4)实施“红·创”攻坚行动,着力抓作风。以“作风建设年”活动为契机,鼓励科技工作者“担当作为、敢想敢干”,把“高严细实快”标准和“三求三强”要求内化于心、外化于行。通过创设“红·创”科技攻关团队,在重点实验室、工程现场、办公区,创建党员创新示范岗、创新责任区,发挥“一名党员影响一个、带动一批”的先锋模范作用,引导全员争当岗位标兵、科技先锋,着力于核心技术攻关,催化创新成果。

(5)实施“红·创”连心行动,着力抓服务。聚焦服务企业、服务社会、服务群众,努力打造“红·创”连心桥共产党员服务队和“红·创”电专家等服务品牌,牢固树立工程师思维、管理者视野、科学家精神,主动下基层、下现场、下社区,送技术、送服务、送产品,多渠道解决生产一线工作难题,在志愿服务、光伏扶贫、能效环保等领域大力推进科技成果转化,彰显责任担当。

(6)实施“红·创”育才行动,着力抓队伍。坚持党管人才,抓好科技创新挂牌揭榜、人才发展“3+1”通道等工作宣传引导,开展“把专家培养为党员、把党员培养为专家”的双培行动,促进“人才成为专家,专家成为大家”;加强员工关爱,推进青年员工成长导航工程,用好青年技术报告大赛、青年创新创意大赛等平台,让青年科研人员“扛大旗”“挑大梁”,形成人才梯队,以人才优先发展驱动科技创新活力。

(7)实施“红·创”铸魂行动,着力抓文化。在办公区、生产区加强国网公司企业文化以及科研精神宣贯,建设“最是初心能致远,创新创造谱新篇”“‘红·创’硕博班”等展示区,培育“领先领跑、勇攀高峰,专业专注、精益求精,干事干净、淡泊名利,共创共享、开放包容”的32字“红·创”科研精神,让广大员工在潜移默化中提升创新意识,形成“争当创客、敢于创先、大胆创新、努力创造、积极创效”的良好文化氛围。

四、结语

本文围绕新时代红领党建在基层实践升华,分析了升华红领党建的思想内涵,提出了强

化“七种思维”的工作思路，并以电科院“红·创”载体为例，分享了具体的实践升华路径，具有一定的借鉴意义。下一步，我们将依托“红·创”实践的经验成果，打造湖北电力红领党建品牌在电科院的升华版实践，以点带面、层层辐射，使之成为省公司系统内可广泛推广和应用的创新体系，为省公司升华红领党建贡献力量。

参考文献

[1] 习近平.决胜全面建成小康社会 夺取新时代中国特色社会主义伟大胜利[M].北京：人民出版社，2017.

[2] 习近平.加快建设科技强国 实现高水平科技自立自强[J].求是，2022(9).

[3] 刘飞.国有科技型企业党建工作与生产经营中心工作[J].党建参阅，2021(2).

[4] 江金权.以高质量党建推动高质量发展[N].人民日报，2021-01-26(9).

[5] 刘绍勇.以高质量党建引领国有企业高质量发展[J].求是，2021(10).

作者简介：

袁锋(1978—)，男，博士，高级工程师，国网湖北电科院党委党建部主任。

以高质量党建引领高质量采购工作

王培芳

［国网湖北物资公司（国网湖北招标公司），湖北武汉　430000］

指导人：李虎

摘要：在当前复杂多变的国际国内形势和宏观经济环境条件下，电网企业全力保障电力供应，积极推动能源转型，奋力开创建设具有中国特色、国际领先的能源互联网企业新局面。采购环节为湖北省电力有限公司（以下简称“省公司”）电力保供、能源转型等工作提供最基础的物资保障，采购质效提升是省公司“四个转型”发展路径和实现省公司发展目标的迫切需要。高质量采购离不开高素质采购队伍，队伍建设必须以党建引领为基础和保证。本文重点分析在采购工作中围绕省公司“一体四翼”发展布局，突出高质量党建引领、推进党的建设与采购业务发展深度融合的具体做法，从而全力推进采购供应链高质量发展，为建设具有中国特色国际领先的能源互联网企业提供坚强的物资保障。

关键词：党建引领；队伍建设；融合发展

一、采购业务工作现状

国网湖北物资公司（国网湖北招标公司）承担国网省公司物资、服务类集中规模招标采购工作，采购方式包括公开招标、协议库存（框架）招标、公开竞争性谈判等多种形式，年均组织约60余个采购批次，采购金额超过200亿元。

在承接大规模采购量的同时，省公司战略和“一体四翼”发展布局落地对采购业务实施质量提出了新的更高要求。在新形势下，采购业务提质增效遭遇瓶颈，工作队伍专业性不足，执行力不佳，信息化手段欠缺等问题日益显现。招标采购业务要为省公司和电网高质量发展提供更有力的供应链采购服务支撑，固有的工作局面正面临着巨大的压力和挑战。

实现高质量采购，要求招标采购工作遵循更严格规范的工作标准、展现更优质高效的服务水平、达到更环保低碳生产的目标。高质量采购工作依靠高素质采购队伍，队伍建设必须以党建引领为基础和保证。

2022年以来，在采购业务实践工作中，以“作风建设年”活动为抓手，依托党的建设，以党建带队伍、促业务、保廉洁，不断提升党员群众政治思想觉悟。通过思想引导和作风凝聚，以高质量党建引领高质量采购，实现采购的“好中选优”。

二、现阶段主要做法

(一)体现强学习,提升人才队伍专业素质

针对现有人才队伍专业水平参差不齐、管理能力仍显不足的问题,倡导在学习中创新、在创新中进步。通过召开支委员、党员大会,开展主题党日活动,让党的基层组织和党员同志充分发挥主观能动性,群策群力、查找问题、补足短板。

突出问题导向,开展集体研讨,在标审中前置资质业绩审查,评审中细化审阅标准,优化阅标记录,对于标准复杂、易生歧义的,进行点对点审阅,确保评审内容清晰精确,积累评审经验,有效减少和应对投诉质疑问题。在工作现场结合实际,针对不同采购类别,向审查专家、评标专家学专业;跟着党员模范同志、业务工作骨干在实干中学经验,提升队伍整体专业素质。

(二)体现强执行,提升队伍刚性高效执行能力

在新冠疫情暴发、集中采购工作面临严峻防疫的形势下,在重点工程建设、重大保电任务、安全生产应急等采购任务中,支部党员突击队"关键时刻顶得住"、冲锋在前、响应坚决、刚性执行,坚持为电网建设和省公司发展提供优质高效的物资保障。

紧跟"双碳"绿色、"新型电力系统"发展步伐,紧密对接业务需求,加强全局统筹,强化专业协同,优化业务流程。同时深化技术标准升级,结合设备检测及运行质量反馈,配合组织修订采购技术标准,提高原材料、关键技术参数、核心器件和组部件配置水平。以设计标准的提升来推动制造标准和工艺的提升,满足电网技术发展需要。

持续强化入网设备质量关的刚性执行,深化专业绩效评价应用联动。强化评价结果与招标采购应用的深度、广度,在用户评价优质设备的基础上实现"好中选优"。

(三)体现强担当,倡导队伍有为善为

数字化转型是省公司改革发展的艰巨任务之一,也是提升智能化采购水平的关键。目前采购业务信息化程度不足,深深制约了采购质效提升。

面对挑战,支部成立数字化转型工作党员攻关先锋团队。领导挂帅,业务骨干、党员同志带领青年同志和入党积极分子,通过"师带徒"模式,开展信息建设工程专项攻关。同志们迎难而上,奋勇担当。工作时间业务繁忙,就利用休息时间加班加点,进行业务模型分析,逐一梳理疑难点、风险点,提需求、过方案,反复论证、攻坚克难。

通过团队努力,充分运用科技信息化手段,全面打造远程异地云审查、电子化在线云投标、智能辅助云评标、资料归集云档案等信息系统,实现以现代智慧供应链深化运营为主线的招标采购活动智能化建设和智能化运营,推动招标采购全流程管理机制、管理模式的变革和业务流程再造。

数字化转型工作时间紧、任务重,要求高,党员攻关先锋团队展现出强大的凝聚力和战斗力,系统建设顺利推进,提前完成上线运行。

（四）持续强化风险防控，务必做到求真、求实、求效

（1）坚持“严”字主基调，深化全面从严治党。支部严格“三会一课”、组织生活会、民主评议党员等制度，在严肃的党内政治生活中淬炼忠诚。运用好在线学习平台，通过微党课、云课堂等多种形式常态化、长效化加强物资从业人员廉洁警示教育。

（2）强化规范管理，坚持依法合规，全方位提升风险防控能力。持续强化物资管理制度应用，落实风险防控职责，防范化解重大风险。做到党风廉政建设与业务工作同部署、同落实、同检查、同考核。紧盯关键岗位、关键节点，从制度和环节流程上杜绝漏洞，把反腐倡廉建设的要求融入部门管理、嵌入业务流程、落实到重点岗位，整体提升源头预防腐败的能力。

（3）加强评标现场监管。全程监督全体评标专家报道过程，全面监控会场纪律、通信工具状态、现场安保措施等情况，杜绝管理漏洞。通过智能评标基地、现场监督专家等智慧供应链场景的全面应用，防范风险，做到核心业务全面监控、重大风险实时预警、违规行为及时纠偏。

三、下阶段工作方向

通过高质量的党建与业务工作融合发展，有效促进了采购工作提质增效。下一步要持续推动党的建设和党建引领，拓展延伸融合发展模式。通过党的领导、思想政治引领，激励、引导广大党员和职工群众争当生产经营的能手和创新创效的模范。

建强党的基层组织，对党组织活动载体和工作方式开展更为广泛的调研，深入思考，创新组织形式和实施方法。通过“岗区队”建设、党组织活动、思想文化宣传等，紧贴广大党员群众思想现状，常态化长效推进作风建设，不断提升工作能力和工作水平。

强化战略统领、夯实党建基础，聚焦重点任务，持续深化“党建＋”工程，力求实效，杜绝党建工作的标签式、概念化，促进党建工作与业务工作精准内嵌，更深层次融入融合。完善运行机制，加强成效评估，持续激发创新创效潜能，更好发挥党建引领先锋作用，打造担当尽责、持续创新的高素质采购专业队伍。

作者简介：

王培芳（1977—），女，本科，高级经济师，国网湖北物资公司（国网湖北招标公司）招标采购部主任。

关于电力企业用工配置结构性矛盾研究

汤伟

（国网湖北超高压公司变电检修中心，湖北武汉　430000）

指导人：吴炜

摘要：本文以国网湖北超高压公司为研究对象，通过分析各专业员工准备度及冗员情况、全口径用工配置现状，结合各个专业业务特征及未来业务发展趋势，从业务外包、专业分类、技术创新及组织作业模式四个角度，对用工配置结构性矛盾提出建设性解决策略，为提升企业用工效率、优化人力资源配置、推动企业发展转型提供参考和借鉴。

关键词：电力行业；用工配置；结构性缺员；业务外包

一、引言

随着电力体制改革的持续深入以及能源新兴产业的快速发展，能源市场特性和电网企业运营环境正发生深刻变化。国网湖北超高压公司作为高电压等级电网的运维者，是能源转换与传输的关键环节。如何支撑建设“能源互联网”是一项具有开创性的复杂系统工程，既给公司带来了新的发展机遇，也对公司的用工类型、用工管理水平提出了新的要求。在严控用工总量的背景下，输变电设备持续迅速增长，人员数量持续下降与业务规模扩大的矛盾冲突越来越激烈。如何充分盘活现有人力资源、增强员工队伍活力、实现动力系统升级、支撑业务发展需要，是摆在公司管理者面前的时代命题。

本次研究力求立足公司业务运作环境与实践，把最具中国特色的体制要求贯穿到用工配置策略的选择中，充分发挥公司作为骨干央企的“大国重器”优势；同时又要主动解放思想、紧跟互联网时代能源革命与数字革命发展趋势，结合公司实际进行管理创新，推动公司向国际领先的能源互联网企业迈进。通过用工配置结构性矛盾解决策略的研究，聚焦战略落实，结合公司当前实际，促进公司全面提升用工配置水平，实现企业平稳转型。

二、研究理论与思路

（一）核心理论

用工配置符合供需理论研究模型（即供给与需求的研究）：

$$N_{供给} = F(x_1, x_1, x_1, \cdots)$$
$$N_{需求} = F(y_1, y_1, y_1, \cdots)$$

其中，$N_{供给}$是提供的员工数量；$N_{需求}$是所需用工数量；x_1为影响员工供给的因素，如员工数量、素质等；y_1为影响用工需求的因素，如设备存量和在建量、业务模式、技术水平等。当$N_{需求} > N_{供给}$时，用工短缺；当$N_{需求} < N_{供给}$时，人员冗余；当$N_{需求} = N_{供给}$时，即为实现理想用工配置。

(二)研究思路

公司用工配置的关键在于聚焦一线岗位业务需求，结合现有人员状况，从长期职工、社会化用工、业务外包、技术进步、组织模式调整等多个方面进行优化。其根本仍然是用工需求来源于业务需求，人员供给满足全口径用工需求思路。

一是分类研究省公司下达内控定员，按照机构设置状况，确定管理类、技术类岗位配置数量。二是测量各单位核心业务与非核心业务工作量比例，以获得各单位技能人员用工最低需求量，由此作为用工配置的依据。三是通过长期职工工作准备度盘点，退休、调出人数的预测，获得现有长期职工在未来5年内的供给情况。四是梳理社会化用工数量，特别是影响定员的用工情况，以此作为用工总量分析的影响因素之一。五是制定业务外包用工折算标准，进而指导业务外包实施规模，实现全口径用工管理。六是对长期职工数量不能满足核心业务需求的单位，提出技术进步、模式升级等策略，满足开展业务的需求。

国网系统经过多年夯基，在定员管理和员工信息化管理方面已经具备一定的长期数据，本次研究将在已有成果的基础上，以定员与ERP数据为基础，盘点现有“账面配置状况”，就不同专业和组织，进一步研究分析影响用工配置的其他突出供需因素，修订形成各专业“实际配置状况”，据此提出针对性的配置策略，优化公司人力资源配置效能，为公司业务的未来发展提供参考。

三、现阶段用工配置盘点

(一)全口径用工超员，提质增效压力大

按照公司现行内控定员(含省公司内控定员和集体企业定员)计算，长期职工和主营业务辅助社会化用工缺员约10%，人员数量不足，用工效率较高；加上业务外包折算用工之后的全口径用工配置率达到117.2%，用工配置仍具有优化的空间。如图1所示。

从实际情况来看，公司目前不包括定员外业务的全口径用工实际呈现超员状态，与提质增效、压降成本的要求仍有差距，适应电改新形势、实现国际领先战略的压力逐渐增大。

(二)用工结构性矛盾和长期职工老龄化矛盾突出

公司长期职工配置不均衡，冗员与缺员并存。单位层面是综合室、生产技术室长期职工借调冗员与班组缺员并存，班组层面是核心业务班组缺员与辅助班组超员并存。

当前国网建设能源互联网的战略，要求业务向数据化、共享化方向发展，500 kV及以上电网运行对技术的要求更高。这就要求员工队伍尽快掌握互联网、自动化、信息化等业务新

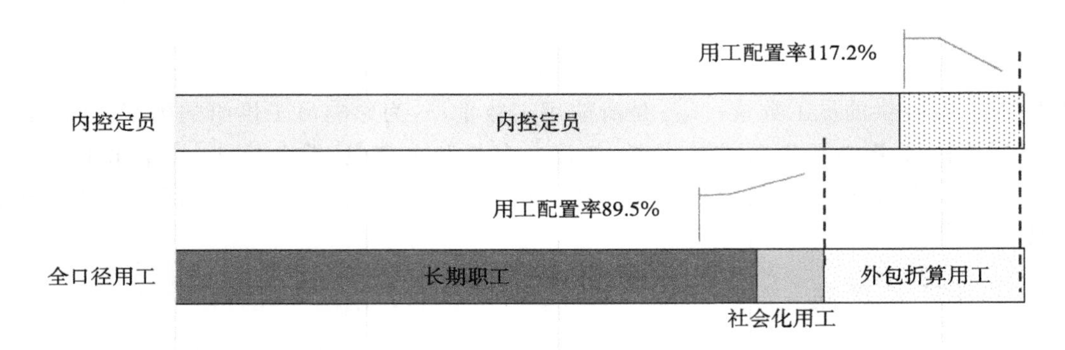

图1 全口径用工配置率

工具、新方法,这与年龄较大员工的技能经验出现差异。对于这种差异,年轻员工接受新事物速度快,传统经验束缚较小的优势得到放大;而年长员工的劣势也被凸显。企业单位本着业务开展的需要,将自然而然采用因人配置的方式开展用工配置,将新技术要求高的工作交给接受新事物较快的年轻员工承担,将传统电网技能业务交给年长员工承担。这种用工配置又再次分化了不同年龄段员工的业务方向,加剧了年龄差异之间的业务水平差距。年龄的人才当量密度如图2所示。

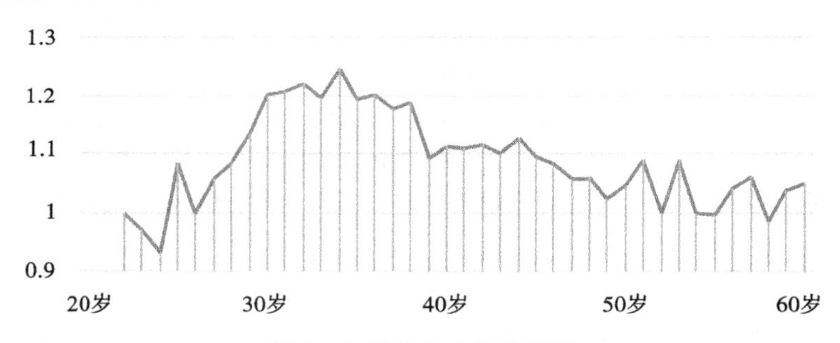

图2 年龄的人才当量密度

(三)社会化用工不规范,存在风险隐患

当前相对固定的社会化用工除了一部分是明确的劳务派遣用工外,大部分是2018年通过与劳务公司签约的方式,转为业务外包方式用工而继续在超高压公司工作的。业务外包是以业务量为衡量标准的表现的经济合同关系,但事实上社会化用工与公司之间仍存在潜在的劳动合同关系,因而存在法律隐患,不利于公司应对纠纷。

四、用工配置策略与保障措施制定

(一)建立业务外包折算用工标准

长期以来,由于缺少规范的业务外包范围和业务外包定额标准,业务外包真实情况难以掌握。

根据上级公司限制性清单，通过收集各单位实际外包项目信息，公司归纳形成“典型外包项目清单”，以此作为外包人工成本测算的标准制定基础；再根据典型外包项目特点，分析各单位外包项目业务特征和项目数据，总结归纳各类项目用工特点，依据工作量和成本衡量方式，构建人工成本和折算用工数测算模型，最终形成“定额测算模型”“工时测算模型”“工作量测算模型”等三种测算模型；最后运用聚类分析、正态分布假设检验、偏最小二乘回归分析、区域/用工形式差异比较分析等数理统计分析方法，形成“外包人工成本测算标准”（图3）。

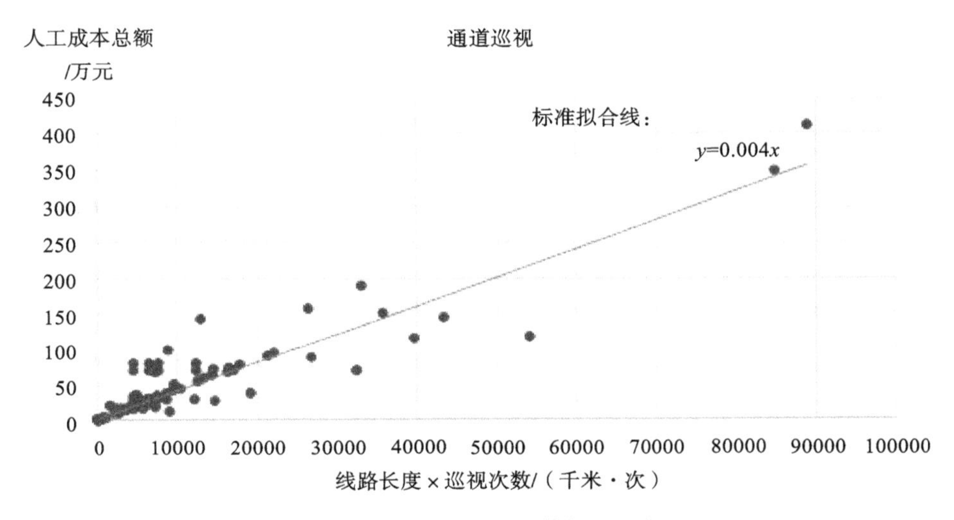

图3　外包人工成本测算标准示意

通过将各单位、各专业折算用工结果纳入全口径用工管理，结合各单位、各专业定员数据，进一步明确不同单位、不同专业用工实际情况，为规范用工管理提供量化数据支撑。

（二）定员与人员配置结合

以“1＋N”定员体系为依托，协同生产业务部门，将内部定员分解与生产业务承载力相结合，使定员分解更科学、人员配置更精准、专业力量更集中，制定合理的内部专业定员分解，最大限度提升定员服务生产和人员配置的作用，提高定员配置效率。重点推进“4120”计划，通过内部资源调控、专业融合释放生产力以及人员入口需求等手段，补足核心专业缺员，提高用工配置效益。

（三）制定分类盘活策略

对于大多数一线岗位的员工来说，工作能力和年龄上的差距并不是不可逾越的鸿沟，只要有足够的学习意愿，接受适当的技能培训，则满足岗位胜任要求并非难事。公司有着完善的教育培训体系，在此基础上可开发针对不同年龄段员工的专业技能培训课程，帮助20～30岁的员工快速掌握工作技能，增大员工获得专业技能证书的概率；同时，对于39岁以上的员工，虽然年龄相对较大，但是他们拥有多年工作经验，通过专门的专业培训，能够帮助工作能力尚有不足的员工持续改善自身能力水平，提高员工的自信心，促进员工积极考获专业技术等级证书，从而有效快速地提高公司人才当量密度。

另外,员工在进入电力企业之后,往往会长时间固定在一类岗位上,然而岗位与员工的特征未必完全匹配,有的人无法在当前岗位上发挥出自身优势,其潜在能力被埋没,长期得不到肯定,对自己的要求逐渐降低,工作意愿也越来越弱,导致工作效率低以及冗员情况的产生。

转岗流动的策略方式可以有效解决科室冗员的问题,将企业内各缺员组织作为内部人力资源市场的用人单位,与待流动的冗员进行双向匹配。以填报志愿的方式收集员工的个人意愿,每个员工可填写多个志愿部门,不可包含原部门,排名分先后。在此基础上,各部门对愿意流动至本部门的员工进行选择,分批次进行吸纳。由此可以充分促进公司内部人员的流动,使员工能够在更适合自己特点的岗位上工作,提高用工的灵活性,不仅能提高员工的工作积极性,还能主动提升员工的工作能力,从而有效提高公司人员的人才当量密度。

(四)推广技术创新手段

科学技术是第一生产力。对于电力企业来说,持续加大在技术开发和应用上的投入,以技术创新手段推动公司的用工效率提升,是解决现在公司用工配置结构性矛盾的重要方向。

例如,在数据采集方面,电力企业中需要数据采集的工作种类多且杂,包括设备监控、异常排查等。人工采集费时费力,并且差错多、核查难,不仅耗费了大量人力资源,工作质量也难以保障。随着信息时代数字化的来临,以智能传感器为基础的智能数据采集技术在工业界已经得到了广泛应用。当今的智能数据采集系统在数据采集速度、数据采集精确度、可处理的数据量上都可以达到很高的水平,为传统工业的信息化、数字化、智能化发展奠定了技术基础,是传统电力企业转型能源互联网企业的必修课,同时也是公司提升用工效率的有力技术手段。

在过去的十余年间,国网公司围绕着企业运营、电网运行等业务领域,开发了十大应用系统,录入了海量的生产经营数据。然而这些数据过去沉睡于磁盘,在各个系统中相互独立,未形成有效连通,企业没有去挖掘其中的潜在价值,是巨大的资源浪费。

随着“大云物移智”等信息技术日趋成熟,滚滚而来的数字化浪潮正席卷中国,“数据即资产”正在成为核心的产业趋势,大数据分析为电力企业这种数据资产的增值提供了无限可能。依托于现在计算机强大的数据计算和处理能力,通过对已有历史数据、关联数据、实时采集数据进行整合分析,建立模型算法,输出预测性结果和决策性建议。大数据分析可应用于趋势预测、故障诊断、安全评估、异常数据挖掘、风险控制等领域,对促进运行、检修等专业的提质增效都有积极影响,在减轻各专业用工压力的同时,也可以为管理者的决策提供量化依据。

(五)优化组织作业模式

各运维分部的业务具有较高的相似性,因此可建立区域化协作中心,在一定范围内建立统一规范的制度标准、实施流程、信息平台,共享生产技术资源,互通生产管理信息,交流技术工作经验,对技术力量薄弱的分部单位进行技术援助和指导,实现区域内各单位的取长补短,推动区域内各单位用工效率的全面提升。

而且,各业务机构(特别是各区域运维分部)的工作内容十分相似,一线班组用工紧缺是普遍现象,因此建立统一的业务外包总体规划和实施准则势在必行。同时,对于相同的业务实行打包式整体外包,以取得更合理实惠的再招标价格,有效控制外包整体规模,从结果上抑制了全口径用工过快的增长势头，为电网业务的规范开展提供了有效支撑。

五、结论与展望

用工配置优化是电力企业适应市场变革、统筹人才资源、增强核心竞争力、支撑战略发展的重要途径。随着业务规模的不断扩大，迫切需要建立既立足实际又赶超先进的用工配置优化策略。

本文以电力企业为研究对象，针对用工结构性矛盾提出具体策略与建议。然而，用工配置优化并不是一朝一夕的事情。必须清醒认识到，提升用工效率、适应市场变革、优化配置资源、增强核心竞争力，依然任重道远。

参考文献

[1] 武雅丽.供电企业劳动定员核定管理创新研究[J].中国电力企业管理，2020(01).
[2] 陈金兰.国家电网基层企业定员管理现状及对策探讨[J].企业改革与管理，2020(22).
[3] 金钰.劳动定员在电力系统劳动组织中的作用研究[J].今日财富(中国知识产权)，2019(03).
[4] 陈金兰.供电企业提升劳动定员管理运用效率的思考与建议[J].企业改革与管理，2019(17).
[5] 祁碧茹.东京电力公司在发展和经营管理上的有关举措[J].电力技术经济，2008,20(3).

作者简介：
汤伟(1985—)，男，硕士，高级政工师，国网湖北高压公司变电检修中心党委书记。

创新网络安全人才管理模式,筑牢全场景主动安全防御体系
——省级网络安全“四位一体”柔性团队研究

郭峰

(国网湖北信通公司网安中心,湖北武汉　430000)

指导人:郭兆丰

摘要:电力能源行业已成为恶意网络攻击的重点对象,尤其是在重大活动保障期间,黑客恶意攻击行为尤为频繁。据不完全统计,2022 年北京冬残奥会期间,国家电网公司监测并拦截外部恶意攻击逾 2000 万次。随着新型电力系统高比例、分布式清洁能源的快速建设,源、网、荷、储等资产接入呈爆发式增长,终端广泛接入、服务开放互联、业务高效交互,国网湖北信通公司(以下简称“湖北信通公司”)网络架构由封闭隔离向开放共享转变,边界愈加模糊。“十四五”建设伊始,湖北信通公司全力推进数字化转型,网络安全专业正在开展主动防御体系建设,公司现有网络安全人才的能力与数量已不能满足发展需要。本文通过对当前湖北信通公司面临的网络安全形势与网安主动防御体系建设的现状分析,结合实际情况,结合公司班组建设相关措施与作风建设具体要求,提出公司网络安全“四位一体”柔性团队研究方案,为支撑公司数字化转型和构建主动安全防御体系提供人才体系支撑。

关键词:数字化转型;主动安全防护体系;柔性团队;作风建设;班组建设

一、引言

近年来国内外网络空间安全事件频发,网络安全已上升到国家安全战略高度。习近平总书记指出,“没有网络安全就没有国家安全”,“网络安全和信息化是事关国家安全和国家发展、事关广大人民群众工作生活的重大战略问题”。中央网信办、国家发改委、公安部、国家能源局等国家有关主管部门相继颁布了一系列法令、制度和标准,加大对电力网络安全监督管控,进一步明确了电网网络安全的重要性。同时,国务院国资委已将网络安全纳入央企负责人考核。

国家电网公司高度重视网络安全工作,将网络安全列为四大安全之一、四大风险之一。正如国家电网公司辛保安董事长所说:“我们电网有多大,我们网络就有多大,甚至我们网络

远超过了电网平台。所以，我们的网络安全与我们大电网安全紧密相关，两者都不可放松。”

湖北信通公司目前已经形成了行之有效的网络安全管理体系与较为全面的网络安全防控体系，并在“护网 2021”“中国共产党成立 100 周年”“北京冬残奥会”等重大网络安全保障中经受住了实战检验。但是，公司当前正处在国家“新基建”浪潮中，处在国网公司建设具有中国特色、国际领先的能源互联网企业的进程中，处在企业数字化转型的实践中，物联终端接入方式、数据信息交互形式、信息系统部署模式均有较大变化，现有基于边界的安全防护体系已不能满足海量终端泛在接入、数据信息高度融合、信息系统逐步“上云”的新形势。

构建全场景主动安全防御体系已经成为湖北信通公司“十四五”时期和数字化转型的一项最重要的任务，面对全新的网络安全防护体系与各项前沿技术研究实践的重任，结合公司部分专业结构性缺员的现状，如何建设一支“不脱离本职工作的非专职网络安全团队”是我们的研究重点。本文拟从评价体系建设、流程机制、竞赛培训、试点专项四个方面，探讨出公司网络安全“四位一体”柔性团队的建设依据。

二、研究背景

（一）电力行业网络安全处于实战一线

网络攻击已上升为能源安全新威胁。近年来针对电力企业的网络战、信息战频出，伊朗、委内瑞拉等电力系统屡遭网络攻击，轻者造成企业经济损失，重者引发大范围停电，严重影响社会民生。近期乌克兰危机中的“网络战争”预示着世界各国正式进入网络空间战略时代；2022 年北京冬残奥会期间，多个国际黑客组织公开声称对中国政府网站发起网络攻击。事实证明，网络空间对抗无处不在，网络战争是看不见硝烟的战场，只有通过平战结合，建设实战化防御能力，方可助力战时快速取得主动权。近年来，国家持续加强网络安全攻防演习，“护网行动”常态化，演习规模逐年升级，电网企业作为关键信息基础设施保护单位，经历着网络安全实战考验。

（二）网络攻击手段不断演进

随着数字技术与企业业务的深度融合，网络安全防护难度越来越高，网络攻击手段和技术快速迭代更新，网络攻击隐蔽复杂，来自互联网的安全威胁日益严峻。近年来，国内外网络攻击的规模和强度逐年递增，网络黑客攻击逐渐由纯粹炫耀技能转向获取政治经济利益，导致攻击破坏性激增。网络黑灰色产业链逐渐成形，攻击方向也更多转向政府机关以及能源、金融、交通、通信等重要行业领域关键信息基础设施。可以推测，以政治经济利益为目的，针对关键信息基础设施的网络窃密、远程破坏、勒索病毒等攻击在未来会持续大幅增加。

（三）网络安全攻防对抗“以人为本”的特性凸显

网络安全的本质在对抗，对抗的本质在攻防两端能力较量。遭遇网络攻击导致的停电事件表明，通过黑客手段攻击电力系统的行为已经成为现实。面对可能出现的有组织、系统性、高频度、长期潜伏的黑客攻击，电网企业亟须在现有技防措施和防护体系基础上，建立更加完善的人防体系,进一步强化网络安全人才培养与实战能力提升,实现“以技术对技术,以技术制技术”。

(四)“作风建设、班组建设”推动人才管理模式创新

应以“作风建设年”为契机,以“高严细实快”为基本标准,以担当作为、敢想敢干为价值理念,以“三求三强”为主要内容,以“班组建设”为强力抓手,坚定“踏石留印、抓铁有痕”的决心,全面加强作风建设,着力解决突出问题。新形势下的湖北信通公司网络安全专业管理者须充分认识伴随新型电力系统建设而来的网络安全风险,着力解决数字化转型中网络安全所面临的问题,激发基层人员斗志,引导一线网络安全人员聚焦“华中区域领先、国网第一方阵”目标。

三、研究目的和意义

国家电网公司正在开展全场景网络安全防护体系建设,湖北信通公司试点先行,已初步建成全场景安全防护能力。为进一步适应新型电力系统安全防护需求,湖北信通公司正在开展网络安全主动防护体系建设。在建设中,我们秉承国家网络安全“实战化、体系化、常态化”的防护理念,以制度和人才为保障,以研发、供应链、物理安全、国产化替代为基础,针对本体、应用、数据提升精准防控能力,基于“零信任”理念打造纵深防护能力,构建攻击引导和反制的主动防御能力,提升网络安全智能化运营能力。通过主动的安全防护体系建设,实现边界隔离向纵深防御转变,被动防守向主动防御转变,人工对抗向智能运营转变。

在全场景主动安全防御体系中,网络安全人员可以攻击、防守两种责任区分为红队、蓝队。本文中的研究以蓝队建设为主要对象。湖北信通公司网络安全蓝队成员主要负责公司技防体系规划、建设和运维,负责公司网络与信息系统监测分析预警,实现网络安全事件的及时发现、阻断、溯源和消缺。协同公司红队、督查队伍、研发队伍常态化发现、修复网络安全隐患,补足信息安全短板。同时主动开展隐患发现及修复工作,及时上报信息系统隐患、重大安全事件;分析已公开的漏洞隐患,细化修复方案,对漏洞进行修复加固。

为了深入贯彻《中华人民共和国网络安全法》,落实《国网信通部关于印发〈2017 年网络与信息安全检查与内控机制建设方案〉的通知》(信通网安〔2017〕28 号)、《国网信通部关于印发〈国家电网公司 2018 年网络安全对抗机制工作方案〉的通知》(信通网安〔2018〕10 号)文件要求,提高湖北信通公司网络与信息安全蓝队的建设水平,推动蓝队工作机制的有效运转,提升公司整体信息安全内控能力,我们选拔了公司级蓝队队员,开展了省地两级蓝队建设。

通过选拔任用、人才培养、流动配置、评价考核、激励保障等方面的工作,我们建设了组织机构完善、人员配置完整、人员素质达标的湖北信通公司网络安全蓝队。由此形成统分结合、上下联动、协调高效、整体推动的蓝队工作运行机制;从而实现人才队伍建设与实际工作结合,圆满完成公司网络安全内控各项指标任务,圆满完成重大活动网络安全保障。同时,以公司蓝队建设为契机,为公司培养网络安全内控高精尖人才,形成了争当网络安全防守工程师的文化氛围。

四、研究现状及趋势

近年来，党中央、国务院高度重视网络安全人才队伍建设，围绕网络安全学科专业建设和人才培养机制等作出一系列重要部署：加强人才建设顶层设计，统筹各方面力量协同推进；打造专门人才基地，探索网络安全人才培养新模式；设立网络安全一级学科，推动高等院校学科建设；引导社会资金，持续加大对人才队伍建设的投入；鼓励机构开展在职培训，推动建立全民教育体系。尽管如此，网络安全人才队伍建设仍然存在诸多问题，如缺乏整体战略规划、人才总量极其匮乏、高端领军人才大量稀缺、岗位适配人才严重不足等。

2020 年 8 月，国网公司选拔组建公司级蓝队作战指挥官柔性队伍。根据公司统一指挥，合理快速调配蓝队作战指挥官队伍驰援重保单位，协同开展公司重大网络安全事件响应，有效解决重保单位工作力量不足、专业能力短缺等工作难题；坚守本单位蓝队作战指挥官牵头开展本单位网络安全事件的研判分析、应急响应、隐患处置、追踪溯源和攻击反制。以蓝队作战指挥官为驱动引擎，推进在线监测机制建设，形成红蓝一体、攻防一体、全程全网的常态攻防对抗态势，充分发挥该柔性团队保障指挥作用。通过积累防守工作成果、推进网络安全工作开展、组织蓝队作战指挥官全封闭式集中培训、开展联合攻关工作，发挥该柔性团队专家智囊作用。

网络空间治理以及网络安全保障最终都需要由人才来落实和推动。没有足够的网络安全人才、一流的网络安全队伍，网络安全整体保障能力的提升乃至网络空间的治理只是无源之水、无本之木。因此，找准人才培养方向，下功夫、花力气组建一支规模宏大、结构优化、素质优良的网络安全人才队伍，是维护电网企业安全、开展关基保护、建设网络强国的核心基础。

五、研究内容

综合运用定量与定性研究方法，准确收集资料数据。深入开展理论和实践研究，深刻剖析现状特征、问题成因和发展趋势。以公司“班组建设”“作风建设”相关要求为指引，结合公司全面推进各地市公司网络安全班组建设目标，开展专项工作、试点任务、重大工程揭榜挂帅制度。为柔性团队成员建立个人成长画像，建立工作内容可量化、个人成长可统计、个人特点可分析的数字化管理体系，科学评价个人贡献、排位，为后期工作提供可视化的科学参考。

（一）基本内容

1. 管理模式建设：探索专业融合的柔性团队管理模式

做技术必须懂业务，实现公司数字化转型下的网络与信息通信实质安全，前提是将网络安全专业与调度、设备、营销等业务进行深度融合。柔性团队可来源于多个专业口，将专业与安全融合，整合优势资源，可更好地服务于公司“四个转型”。公司“3＋1”人才体系政策背景下，网络安全人才队伍建设面临新契机和新挑战，亟须转变思路，引入新的人才队伍建设理念，创新创效，开创专业领域人才队伍建设新局面。

2. 工作机制建设:研究网络安全专业队伍工作机制

为网络安全蓝队人员搭建平台,将培训所学应用于实践中,让蓝队人员在隐患发现、调查取证、攻击渗透、安全加固、监测分析等工作中充分应用网络安全技术。群策群力、集思广益,才能发挥专业知识和专业团队的最大效用,促进工作成效最大化。

3. 人员能力建设:网络安全人员能力提升路线与方针

培训是快速提升个人能力的有效途径。制定含金量高、针对性强的培训内容、培训方案和培训计划,对蓝队人员个人技能水平和蓝队整体专业素养的提升均大有裨益。以年度为单位,结合各柔性团队网络安全的知识现状,针对性开展"由外行到入门"的"0-1"启蒙培训,由"基础到专业"的"1-n"提升培训,可帮助不同水平的团队成员提升网络安全业务水平。与此同时,结合公司内技能比武、公司外专业比赛,以赛促练、以赛促学,由此进一步检验和巩固所学,锻炼专业本领、挖掘人才潜力。

4. 实战功能建设:培养实战化的网络安全人才队伍

实战是检验队伍的最佳途径,历年国家级网络安全攻防演习是网络安全队伍面临的一次最为严峻的实战考验。以实战演习为契机,在备战、迎战、决战与撤防阶段,全面锻炼、检验、考核队伍。依托公司网络安全中心,固化完善"一体化、扁平化、实战化的"网络安全保障机制,提升网络安全机房措施的实战化水平,建立公司横向、纵向网络安全协作渠道,建设具备实战能力的网络安全队伍。

(二)研究重难点

1. 提高队伍整体素质和凝聚力

(1)培养梯队,提升队伍活力。国网公司系统内人员专业背景不同,信息专业基础不同,入职时间与成长速度均存在差异,需不断强化梯队培养。"先富裕起来"的种子选手一方面发挥"领头雁"效应,当好榜样;另一方面"以老带新",不吝传授技术和经验,帮助新人快速提升。由此方能保持队伍活力,为公司提供源源不断的专业人才力量支撑。

(2)强化激励,提升队伍凝聚力。建立健全激励机制,实现评价结果与表彰奖励、推优荐才、职业发展紧密挂钩。加强沟通和辅导,及时通报和解答评价过程中的问题,不断提升人才吸引力、队伍凝聚力。

2. 开展工作评估,把握队伍建设方向

(1)战略导向,服务大局。紧紧围绕公司数字化转型战略,把握网络安全专业重点工作方向,充分依据公司人才体系建设指导意见,建设符合专业政策、服务公司发展的网络安全柔性团队。

(2)注重实绩,科学量化。结合蓝队人员结构和工作特点,合理设置评价项目和评价标准,以个人实际工作业绩为依据,按照规范的程序和科学的方法,公开、公平、公正地对蓝队人员进行量化评价。

六、实施步骤

(一)以评价体系构建为基础,完善蓝队管理模式

(1)考试选拔。建立健全蓝队人员选拔机制,制定标准和流程,由省公司互联网部统筹,

省信通公司负责工作组织和技术考核，每两年一次面向全省进行蓝队人员公开选拔，优秀者经互联网部审核通过后发文公布，聘期两年。湖北省级蓝队 2018 年初次选拔共计 24 人，2020 年第二次选拔更新并扩展至 28 人。通过选拔，大量技术水平和综合素质高的一线员工脱颖而出，成为公司级网络安全专业优秀人才储备。

(2)考核评价。建立健全蓝队人员评价考核体系，制定《国网湖北电力网络安全蓝队人员评价方案》，于 2020 年发布并试行。方案规范了评价标准、考核范围、考核流程，以及奖励标准等，由省公司互联网部组织，省信通公司负责具体实施考核和人员调整建议，采取指标积分排名制对省级蓝队队员年度工作进行评价，每年 12 月底报互联网部审核并予以通报。通过考核评价与积分排名，与省公司安全生产奖惩办法有机结合，强化蓝队人才激励，不断提升蓝队个人技能水平和岗位履责能力。

(3)轮训轮岗。建立健全蓝队人员轮岗机制，年初制定全年轮岗计划和工作安排，分批完成蓝队人员赴省公司轮训轮岗，参与网络安全重点工作和重大活动网络安全保障，并选派优秀人员赴总部和其他省份开展专项技术支撑工作。轮岗期间，实施对应的工作考核评价。2018 年至今，累计开展轮训轮岗 58 人次，完成重大活动保障 8 次、重点专项工作 7 项，为省公司年度指标任务完成提供了强有力支撑。

(二)以流程机制建设为重点，提升蓝队工作质效

(1)制定人员行为规范。加强公司蓝队人员行为管理，强调网络安全工作纪律，制定并发布网络安全蓝队人员行为规范，严防低级违规行为，杜绝信息事件的发生。

(2)规范常态工作流程。依托公司网络安全分析室，组织蓝队人员参与日常网络安全监测分析工作，逐步形成网络安全监控分析处置标准化操作手册，明确信息事件告警发现、分析、记录、处置、报告等各个环节的工作流程和规范，提高蓝队工作效率；组织蓝队人员定期开展漏洞隐患排查工作，建立健全漏洞发现、治理、复查、销号闭环工作机制，编制典型漏洞处置和常见高危端口治理手册，降低网络安全风险，提高网络安全内控工作质量。

(3)制定保障工作机制。组织蓝队人员参与网络安全重大活动保障，制定网络安全保障方案和全省联防联控工作方案，形成重保技防措施清单和规定动作，定期通报安全加固、隐患发现、应急处置、溯源报告等防守成果，充分调动各单位蓝队人员主观能动性，促进保障各项工作圆满顺利完成。

(三)以竞赛培训活动为抓手，培养蓝队高精人才

(1)组织岗位轮训。采取“老带新、传帮带”的方式，对轮岗人员和参与网络安全值班监测的蓝队人员开展“一对一”岗前培训，培训内容主要围绕监控工具的使用、公司信息内外网网络架构、网络安全事件标准处置流程等，便于轮岗人员快速上手。

(2)开展技术培训。每年定期开展蓝队人员技术培训，培训内容包括信息安全基础知识、网络安全攻防、渗透测试、分析取证、安全加固技术等。按初级、中级、高级及赛前集训分时、分组、分阶段组织，有效提高蓝队人员网络安全技术水平，逐步建立蓝队人才梯队。

(3)开展蓝队交流。每年至少开展 2 次蓝队交流活动，集中开展网络安全专业交流，讨论工作难题，分享典型经验，分析网络安全态势，分享网络安全新技术，营造蓝队学习氛围，提高蓝队业务能力和综合素质。

(4)开展攻防演练。每半年组织一次网络安全攻防演练,在模拟攻防环境下,蓝队成员分为攻防两方,或联合公司红队、网络安全厂商等共同开展,攻方模拟攻击和渗透操作,防方负责隐患加固、监控和溯源,促进蓝队实战经验积累。

(5)组织竞赛比武。组织参加国家级、行业级、国网公司级网络安全攻防竞赛和技能比武,为公司培养和发现单兵作战能力突出的网络安全人才;培养和选派能力突出的蓝队队员参加国家电网企业蓝队作战指挥官选拔,提升公司网络安全人才影响力。

(四)以试点专项工作为依托,提高蓝队实战能力

创新开展蓝队重点工作揭榜挂帅活动。按照国网公司、省公司网络安全年度重点工作计划,对监测分析预警能力提升、云平台安全防护、全场景态势感知平台深化应用、网络安全实操手册编制、终端安全防护等蓝队重点工作揭榜挂帅,省信通公司提供平台和各项资源支持,蓝队人员自动分组、自愿牵头,以工作成效为导向,拟定工作内容和目标,制定联络机制。与此同时,开展蓝队定向培训和人员能力画像,为公司实战防御储备人才力量,提供决策支持。

七、预期成果

(一)打造一支实战化专业团队

建成组织机构完善、人员配置完善、人员素质达标的公司企业级网络安全柔性团队,形成统分结合、上下联动、协调高效、整体推动的网络安全工作运行机制,实现人才队伍建设与生产工作有机结合,圆满完成公司网络安全各项指标任务,为公司培养"全面覆盖、技术精湛、知攻善防、攻防兼备"的新时代网络安全人才,全面支撑公司整体防护体系建设和重大活动网络安全保障。

(二)发挥网络安全重点攻关作用

(1)在柔性团队的基础上,结合各专业优势力量,成立网络安全科技攻关团队,开展电力物联网、云计算、大数据、移动互联、人工智能、区块链等新技术的网络安全新技术创新应用,全面支撑公司能源互联网、电力物联网的创新发展。首次参与国网公司"网络空间地理图谱"重点科技项目,构建网络空间挂图作战能力。

(2)成立试点攻坚团队,承担网厂交互迁移改造、加密流量解析、全场景网络安全防护策略工程研究、主动防御体系规划等试点攻坚任务,强化公司核心区域纵深防护,构建智能防御能力。

(三)营造良好网络安全生态

(1)搭建网络安全人才孵化器,形成集"攻防实训、技术训练、项目实践、人才选拔、安全竞技"于一体的网络安全实训与竞技系统平台,致力于服务企业人才队伍建设。解决实操培训需求,形成"以练促培、以赛促学"的良好氛围,促进网络安全人员专业技能水平稳步提升。

(2)电力企业作为关键信息基础设施运维单位,随着网络安全技能水平不断提升,与省公安厅、网信办、能源局等网络安全主管部门沟通合作愈加密切。

八、小结与展望

本文通过分析新型电力系统建设过程中所面临的风险，依托公司网络安全主动防御体系技术建设，结合公司“作风建设”“班组建设”各项实措，提出“以人为本”的全场景主动防御体系建设概念，组建网络安全柔性团队，量化团队工作，科学评价个人贡献。由此在一定程度上缓解专业人员“结构性缺员”的现状，并有效提高专业从业人员工作质效，为湖北信通公司推进数字化转型、实现“华中区域领先、国网第一方阵”目标提供坚强的网络安全梯队支撑。

作者简介：

郭峰(1984—)，男，浙江大学计算机科学与技术专业硕士研究生毕业，高级工程师，国网湖北信通公司网安全中心(保密监测中心)主任。

新形势下班组绩效管理办法探索

穆仪

（国网湖北省电力有限公司黄石供电公司，湖北黄石　435000）

指导人：肖新祥

摘要：项目管理中心作为建设单位支撑机构，履行项目建设管理职责，管控现场的安全、质量、进度和造价等关键环节。黄石供电公司项目管理中心有基建和迁改两个专业班组，随着社会经济的不断发展，两个专业班组的工程规模屡创新高。在如今"两个变局"、电网转型发展的环境下，无论是队伍和人员管理还是数字化应用，对现场管控要求都在不断提高。这就要求员工需要不断挖掘自身潜力，把潜力转化为实力，适应新时代的发展。但是现有的把单项工作量化为积分的常规绩效方案存在诸多问题，不能有效公平考核两个不同专业的班组，影响了员工的工作积极性。需要以进度结果为考核依据，以工程造价量化积分，双重指标衡量员工的成果，构建一个统一的考核体系。同时以绩效引导员工不断提升自己的业务能力和学习能力，实现公司目标和个人成长的双提升、双促进。

关键词：绩效方案；项目管理；班组管理；市场化；"游戏化"

当前湖北电网正站在能源转型、动能升级的发展交汇点，湖北省电力有限公司（以下简称"省公司"）正步入优势再造、换道超车的历史转折点，能否抢抓机遇期，实现"四个转型"尤为关键。同时班组是企业的细胞，既是企业管理的基本单元，也是我们"攻城拔寨"的基础作战单元。班组兴，则企业兴；班组强，则企业强。值此两个大变局时代、电网换道超车的关键节点，我们要挖掘班组潜力，将潜力化为实力，推动黄石供电公司（以下简称"公司"）在新时代浪潮中奋楫前行。

一、绩效理念演变

对于绩效的理解，决定了绩效管理的实践模式，进而决定了绩效管理的结果。

（1）成果绩效。对考核周期内员工的工作结果进行评价，组织根据评价结果进行绩效发放。这种成果反馈对于早期流水线作业，简单的计件工作可以得到一个很公正的评价，劳动多少就所得多少。这种成果评价方法适用于简单的体力劳动。

（2）组织绩效。随着时代发展，工作不再简单由一个人完成，在组织中需要协调分工、各司其职，以共同完成一个目标。此时要区分组织中谁的贡献多、谁的贡献少，要对成果的权重进行分配，在自我、领导和同事等多方评价中合理分配权重，以形成相对公平的考核制度。

(3)目标管理。员工所做的工作是不是组织需要的？完成的程度是怎么样的？现代管理学之父德鲁克由此提出目标管理，对“目标实现程度”及达成效率予以衡量与反馈。所以在绩效的两端下功夫：目标要沟通，要对目标进行分解，精准确定；在结果端要给出客观准确的评价，以便把客观考核结果予以绩效发放。

(4)过程管理。只注意绩效两头的管理，结果的好坏全靠员工个人能力体现，这虽然能保证按劳分配，但不利于组织目标的达成。国际上近阶段的绩效管理侧重于管理者在目标实现过程中的介入管控，在过程中多次沟通，确保工作始终在通往目标的路上；采用绩效教练的方式给员工赋能，在提升员工能力的同时完成工作任务。

绩效管理的演变是人们把研究重心放在工作中的PDCA四个不同阶段的结果，从而创造一系列绩效管理工具去实现绩效观念。即从结果反馈、组织分配、目标衡量到过程介入，以期得到一个公平的考核制度去考查人员，从而形成组织和个人的共赢局面。

二、项目管理型班组绩效管理

(一)项目管理中心现状

黄石供电公司项目管理中心(以下简称“项目中心”)基建项目班6人，主要负责公司基建工程从初步设计批复完成后至工程达标投产的现场管理，履行业主项目部现场管理职责。迁改项目班7人，主要负责公司35千伏及以上和10千伏重点迁改工程全过程管理。2021年，基建专业续建及新开工工程11项，总投资1.2亿元；迁改专业完成新建线路30.33千米、拆除线路27.43千米，完成投资约1.16亿元。

(二)旧的班组绩效管理

原绩效考核方案是将项目管理中的各种工作量化成不同的积分，例如，现场履职、组织设联会、开工检查和组织迎检等工作量化成不同积分，每个人在一个考核周期统计一次积分，人员绩效根据积分进行排名。这种方法需要消耗班长大量精力，统计员工的每日工作。并且两个班组专业不同，工作内容也不尽相同。即使同专业同样的工作也会因工程不同而导致难易度不同，考核双方都认为工作积分量化不合理。这导致员工都想去做迁改工程，而不愿意从事基建工作，员工的工作积极性逐年下降。

(三)新的班组绩效管理要求

(1)在不同专业间寻求一个统一的考核标准，将不同专业的人员放在同一标准下进行相对公平的考核，进而构建一个统一的考核平台。避免因专业的工作难易程度不一，而造成人员会向轻松简单且回报较高的岗位流动，同时加强公司战略引导，在各专业间达成相对公平的平衡。

(2)改变以前由下而上的考核方式，即根据一个会议、一个现场履职等工作换算成一个积分，在每个考核周期统计每个人的积分。这样的方案太琐碎、太复杂，并且每项工作性质不同，难易程度不同，积分却相同，这就驱使人们走工作的“捷径”，而忽略了我们工作的初心。同样,设计详细的考核制度往往会加重绩效员或班组长的负担;而且全方位、多角度、立体化的指标设计原则,往往失去了制定指标进行绩效管理的初衷——改进工作。

(3)将“游戏化”思维融入其中。项目完成是各个项目经理的主线任务,涉及的一些零星工作发布,是每个人都可以参与的支线任务,对应的工作完成后即可以拿到奖励积分。项目工程可以根据里程碑节点来计划粗略的评估完成进度,每个人都可以清晰评估所有人的进度情况,据此反馈每个周期的反馈成果。宣传报道、评优取证等明确的工作,拿到即可换取对应积分。另外,设置积分的多种使用途径,给员工自由工作的体验感,让员工掌控工作,提升员工工作动力。

三、新绩效考核方案设计要点

由于项目中心是负责各专业的项目现场管理工作,所有人员的管理成果即是项目竣工投产送电,所以以项目进度情况作为绩效核算基准是对员工价值成果的统一肯定。因此,可采取以项目进度为导向的目标管理,以各专业工程的造价为积分核算基准,对个人工作成果进行量化。

(一)绩效积分

绩效积分可分为项目基准积分、项目积分、项目结算积分、项目实际积分和专业系数四个概念。项目基准积分为该项目造价金额除以 10 万元(例如,某输变电工程造价为 1 亿元,该工程基准积分为 1000 分)。专业系数是将不同的专业乘以对应的专业要求系数。以基建和迁改两个专业工程为例:基建专业有一整套流程体系,三个项目部人员和系统操作要求更高,全过程管理更为规范,所以基建专业系数为 1;迁改工程因为业主是客户,对于三个项目部的要求不多,整体工程管理需要的人数相对较少,所以迁改专业系数为 0.75(依据上一年度两个专业完成的工程投资额和项目中心投入的人员数量测算得来)。各专业的项目积分即是各专业项目的基准积分和专业系数之积。季度或者月度考核以项目积分作为统计的基数。

项目结算积分是项目结算价格和进度偏差率之积。项目结算积分是由项目结算价格的换算积分和工程进度控制的。在项目结算阶段,项目的工程进度是否满足要求也已经明确了,所以工程实体进度和当初的里程碑计划的偏差也很清晰。项目结算积分用于该项目在最后一个绩效考核周期内进行积分修正,真实反映员工管理项目的成果。如果项目管理得好、项目进度快、结算偏差率低,那么在项目积分基准上要乘以对应的进度偏差率系数和结算偏差率系数,多给积分;反之,则减少积分。对绩效考核人员多补少退。

这样的设计,一是为了让员工注重项目前期考虑。尽量把整个项目规模做大、做合理,项目越大、绩效越高。二是为了让员工注重项目进度管控。整个项目流程管理顺利,施工进度加快,就可以提高自己的绩效。相反,如果员工散漫、对项目不是很关心,则延期的工程,特别是超长延期的工程基本上就没有多少绩效;三是让员工注重造价管控,提高对项目的设计变更和签证的管理,不符合要求的签证和变更结算时被审掉,那就是审掉员工的绩效,进而让员工更加注重项目费用控制。

项目实际积分是项目结算积分与项目获奖层级系数之积。这是考虑到一些工程获得省级及以上的奖励,或者是省公司或者是市政府交给的急难险重任务并获得嘉奖。鼓励员工在工程过程管理中加强对质量的管控，做优质量、做实工程。鼓励员工主动承揽一些重要工程、紧急工程，在关键时刻担当作为，保证任务的完成。

（二）积分分配

（1）项目积分结算。关于考核周期内以进度情况结算积分，因基建与迁改两个专业职责不同，所以两类工程里程碑节点的积分占比各不相同。基建专业：开工（10%），基础（40%），电气安装/立塔放线（30%），投产送电（10%），结算审计（10%）。迁改专业：项目前期（15%），工程施工（65%），结算审计（20%）。

（2）个人积分结算。按照每个人在每个项目中的职责来领取积分。对于基建工程，项目经理的能力决定了项目的成败，所以考核周期内项目积分的50%属于项目经理。安全对于工程、公司而言具有一票否决权，所以考核周期内项目积分的30%属于安全员。为了充分激发项目经理动力，提升业主项目部流畅运转能力，赋予项目经理积分考核权，项目剩余20%积分由项目经理决定怎样分配给业主项目部其他成员。对于迁改工程，项目前期负责谈判、合同和协调人员积分占比为15%。现场管理的项目经理积分占比为40%，安全员积分占比为25%。负责结算审计及回款的人员积分占比20%。

（三）固定积分

每年给予综合室和班组长固定的积分，用于奖励班员平时额外为公司和班组做的其他相关工作。综合科室核算每年的工作任务量，中心给予综合科室固定的积分。具体每次任务的积分奖励由综合科室测算制定。综合科室需要班组配合的工作主要是新闻宣传、纪检宣传等宣传类工作。班长和副班长每年有固定积分奖励，可用于班组日常管理工作奖励（如总结、班组日志等），该积分按季度结算奖励给承担事务的人员（班员或自己），剩余积分四季度结算给班长和副班长。

（四）引导积分

为鼓励员工多发向发展，设立三类引导奖励，鼓励员工多专业发展。

（1）创新奖项。管理创新奖、青创赛、QC奖、发明和实用新型专利等，取得对应奖励积分。

（2）能力提升。一是国家认证能力：注册电气工程师、建造师、造价师和注册安全师等。二是技能等级：各专业高级技师、技师和高级工等。三是职业能力：各专业高级工程师、副高级工程师和中级工程师等。依据层级的不同，取得对应积分。

（3）师带徒。师带徒协议为三年，师傅教导徒弟学习期间，徒弟能力的提升获得学习积分（1.3倍的能力奖励积分），师傅获得教导积分（0.5倍的能力奖励积分）。鼓励新员工多学习，弥补不能担任重要岗位的积分差距；鼓励老师多指导，减少因高级证书难以取得而造成的积分差距。

（五）积分作用

（1）绩效评比。每季度统计各人的积分，按照分值高低依次排序。每个季度只核算该季度的工程进度情况，年度积分按照每季度得分累加得出。

（2）积分兑换。结合公司非物质奖励规定，用以兑换半天假期、专属培训和小礼品等福利项目。

(3)通报扣减。按照国网、省公司和公司等各层级对中心或员工通报扣分情况,以对应层级系数核减个人积分。

四、班组绩效的未来发展

(一)与市场化转型相结合

利用内模市场应用推广,将班组成果价值量化,这样可以在公司内各类班组间推广运用。如技改大修、业扩报装和小型基建等项目预算,由价格衡量价值,由价值衡量结果。在同一层面上,公平衡量各类班组的成果,引导在更广的范围进行班组评比,避免因专业壁垒而限制班组间的交流、对比,让真正创造更多价值的人获得更多的收益。同时新绩效方案以决算价为最终衡量基准,可以让项目负责人从项目立项开始到最后的决算转资全程保持高度关注。这样,公司各种项目都有各个专业人员把关,保证项目投资结果最大化归入电价核算成本,为公司未来的发展计划奠定基础。

(二)与作风建设年相结合

这种以结果为导向,给予班组团队权力的绩效方案可以让基层摒弃“小富即安”“与世无争”的“佛系”心态。特别是当前建设任务重的时候,可以最大化地激发班组潜力,改变办事拖拉、敷衍应付,行动少、落实差的问题。以班组为单元,以个人为主体,激发员工干事创业的内驱力,改变当前多做多错、少做少错的局面,绩效就以积分来排名。绩效方案设定处罚的标准,虽然违章处罚会大量扣分,但是只要在考核期内承担的任务多,赚取的积分多,依然可以拿到优秀的评定结果,不会出现“一竿子打到底”的现象,从而卸下员工的思想包袱,最大限度激发员工的动力。

(三)与班组建设年相结合

(1)强化班组长管理能力。利用班组长积分给班组长赋能,班组长积分既可以委派班员做班组工作,也可以自己做保留积分。员工可以领任务赚取积分,从而构建无绩效员、安全员和宣传员的班组,人人都可以是绩效员、安全员或宣传员。

(2)构建多种员工培养通道。有的员工文笔好可以选择承接更多的宣传任务,宣传任务做得多也可以在年底拿到很好的绩效;有的员工喜欢钻研技术,可以兼职多个项目的技术员甚至不同专业的技术员,审查各专业的技术方案;有的员工学习能力强,可以考得系统内外的证书、可以创造发明专利来赚取积分,在年底同样有好的绩效。

为员工开拓出的各种成长通道,员工可以在自己喜欢的路径上发挥出更大的作用,将班组的短期目标和个人长期职业成长目标统一起来。

参考文献

[1] 赫尔曼·阿吉斯.绩效管理(第3版)[M].刘昕,柴茂昌,孙瑶,译.北京:中国人民大学

出版社,2021.
[2] 孙波.回归本源看绩效[M].北京:企业管理出版社,2013.
[3] 俞清,金慧英.教练型管理者[M].北京:中信出版集团,2019.
[4] [美]克里斯蒂娜·沃特克.OKR工作法:谷歌、领英等顶级公司的高绩效秘籍[M].明道团队,译.北京:中信出版集团,2017.
[5] [美]爱德华·伯克利,[美]梅利莎·伯克利.动机心理学[M].郭书彩,译.北京:人民邮电出版社,2020.

作者简介:
穆仪(1985—),男,硕士,高级工程师,国网黄石供电公司项目管理中心(网改办)副主任。

立志、勤学、实干：“3＋1”人才体系下的青年员工成长成才之路

黄海　侯新文

（国网湖北超高压公司荆门运维分部，湖北荆门　448000）

摘要：当前，国网湖北超高压公司荆门运维分部人力资源老龄化问题明显，技术技能人员存在“青黄不接”现象，给分部转型升级和高质量发展带来较大影响。随着省公司“3＋1”人才体系的提出和构建，分部青年员工快速成长成才显得尤为迫切。本文主要对“3＋1”人才体系下青年成长成才的重要性、分部青年员工的综合素质情况进行分析，并结合实践提出推动青年员工快速成长成才的举措。

关键词：“3＋1”人才体系；青年员工；成长成才

一、引言

青年兴则国家兴，青年强则国家强。为认真贯彻落实中央人才体制改革精神和国网公司工作要求，加强人才队伍建设，国网湖北省电力有限公司（以下简称“省公司”）系统构建了“3＋1”人才体系。“3”即“三通道”（面向领导人员的职务晋升通道，面向管理、技术类人员的职员晋升通道，面向技能、服务类的工匠晋升通道）；“1”即领军人才。作为省公司直属单位的县级单位，国网湖北超高压公司荆门运维分部（以下简称“分部”）承担着3座500 kV变电站和34条共2200千米超特高压线路的运维检修工作。当前，分部存在较为明显的人员老龄化和人才断档的问题，如何让分部青年员工快速成长成才，充分发挥青年员工在安全生产和各项工作中的生力军作用，是关系到分部高质量发展的重要课题。

二、分部青年员工现状

截至2022年5月，分部共有员工134人，其中35岁及以下38人，占比26.12％；36～50岁39人，占比29.10％；50～59岁59人，占比44.03％。2014年至2021年近8年期间，分部入职员工共30人，占分部总人数的22.38％，具体人员情况如表1所示。

表1　2012年至2021年分部入职员工情况

入职年份	总人数	平均年龄	政治面貌		学历水平		技能等级			技术职称		
			党员	非党员	硕士	本科	初级	中级	高级	初级	中级	高级
2021	5	23	0	4	0	5	0	0	0	0		0
2020	10	23.6	1	9	2	8	0	0	0	2	0	0
2019	6	26.7	2	4	4	2	0	0	0	6	0	0
2018	2	27	1	1	1	1	2	0	0	1	1	0
2017	2	28.5	0	2	1	1	1	1	0	1	1	0
2016	3	28.6	1	0	1	2	0	2	0	1	2	0
2015	1	33	1	0	1	0	0	1	0	0	1	0
2014	1	31	1	0	1	0	0	1	0	0	0	1
总计	30	25.7	8	22	11	19	3	5	0	11	5	1

一是从年龄结构来看,近4年新入职员工23人,平均年龄24.6岁,占近8年入职人数的76.7%,"95后"青年员工占比较大,充满活力、可塑性较强;二是从学历水平来看,近8年入职硕士研究生学历11人,在此之前分部仅有硕士研究生学历者2人,青年员工整体学历显著提升,发展潜力较大;三是从技能和职称来看,青年员工中、高级技术、技能等级人数少,提升需求和空间较大;四是政治面貌来看,党员占比不高,还需进一步加强思想引导,将优秀员工发展为党员,充分发挥先锋模范作用。

综上所述,分部青年员工们具有较好的基础条件和迫切的成长成才需求,分部统筹开展青年员工培养工作意义重大。

三、加速青年员工成长成才举措

对青年员工从"立志、勤学、实干"三个方面着力进行培养,真正实现对年轻员工的思想引领、学习提升和人尽其用,将青年成长成才和企业长久发展有机融为一体,为维护好跨区电网和湖北主网不断奠定坚实的人才基础。

(一)百事志为基,引导青年树立正确方向

1.帮助系好第一粒"扣子"

积极落实"起航计划",每年组织开展以"迎新活动 温暖青年"为主题的新员工座谈活动,通过谈心谈话、授帽仪式、祝福寄语等形式表达对新员工的欢迎与期望。坚持党建带团建,推荐青年员工参加"青年马克思主义者培养工程",开展丰富多样的团青活动,通过"党课""团课"帮助青年员工扣好人生观、价值观和世界观的第一粒"扣子"。

2.帮助定准第一声"调子"

依据"青春修炼手册"成长导图编制,向青年员工宣贯技术资格、技能等级、成长经历、工作表现、奖励惩处、工作业绩等成长成才的关键性指标,引导每名青年员工定目标、定计划、定措施。为每位青年员工做好成长记录,通过青年员工的"两图一表"(综合成长图、分项要素图和成长轨迹信息表)跟踪其成长轨迹,从而实现其成长全过程的指导督促。

3.帮助迈好第一脚“步子”

充分发挥劳动模范、技术技能类职员、青年骨干等优秀员工的示范引领作用,以“师带徒”“结对培养”方式,为青年员工找准“领路人”,围绕思想作风、理论学习、技术技能等方面进行个性化指导培养。强化“师带徒”考核机制,将青年员工成长成才情况与所在班组和师父的年终考核、评先选优挂钩,确保培养落到实处。

(二)知海学为先,助力青年练就过硬本领

1.强化理论知识学习

为青年员工制定理论学习计划,开展青年员工学习讲坛活动,促进青年员工掌握理论、认识设备、熟悉流程。坚持“专家引进来”和“青年员工走出去”并重,定期开展变电集控站、无人机巡检等新技术授课。充分利用“变电1小时”“输电夜校”“惟楚有才”等线上线下教程和大型检修现场知识大讲堂等载体,不断丰富青年员工学习形式,提升学习成效。

2.强化班组实操培训

依托分部3座变电站和输电线路实训基地,根据日常运维检修需要和技能考核要求,定期安排优秀班组长和内训师对青年员工开展工作票填写、倒闸操作、上塔检修、缺陷处置、事故演练等实操培训。通过定期培训、考评打分和学习分享,推动青年员工掌握标准化工作流程和实操技术要领,促进青年员工专业技能提升,尽快达到一线工作要求。

3.强化一线跟班提升

带领青年员工“在学中干、在干中学”,选派青年员工到峡林线“百里荒”等重要保电现场、500 kV双河变电站改扩建和荆荆高铁迁改等重大项目现场跟班实践。通过与一线班组“同吃、同住、同劳动”,学习班组的优良作风、前辈们的精湛技艺和现场实际管理经验,切实提升青年员工的实践能力、团队意识和管理水平,推动青年员工向业务骨干进化。

(三)伟业干为要,激发青年争创一流佳绩

1.在一线生产中承担重任

结合春秋检修、线路迁改、变电站改扩建、重要保电等中心工作,为青年员工创造历练机会和平台,逐步加任务、压担子,让青年员工承担现场勘查、方案编制、工作票填写、倒闸操作、消缺除险、现场作业App管控和宣传报道等工作。将一线生产现场作为锤炼过硬本领的试炼场,将青年员工早日培养能够牵头负责、独当一面的“行家里手”,推动青年员工稳步成长为工作负责人、班组技术员、班组长。

2.在创新创效中发挥特长

成立青年员工创新创意小组,充分发挥青年员工知识面广、勤于思考、勇于探索的特点,聚焦输变电设备运维检修和综合管理工作中的疑点、难点、痛点,大力开展新技术应用、技术攻关、发明创造、管理创新、QC活动等,通过查阅文献、现场调研、“头脑风暴”、咨询比对等方式,及时发现问题、研究问题、解决问题,在创新创效方面多出点子、多出成果。

3.在比武竞赛中勇当先锋

为青年员工提供“知识竞赛”“技术比武”等舞台,引导优秀青年勇当先锋,通过日常加练和集中培训等形式,不断挑战超越自我,强化快速学习、临场应变、技能应用和团队协作等能力,在赛场上磨炼技能水平和心理素质,为青年成才增添宝贵经历和重要荣誉。

四、成效和结论

通过对分部近年来入职员工的大力培养,青年员工在技能成长、岗位建功、科技创新、品牌建设等方面表现突出。

(1)技能成长方面。分部青年员工在国网公司培训中荣获“优秀学员”称号2人,公司“青年成长导图”年度第一名3人,公司技术比武和劳动竞赛团体一等奖2次、二等奖1次。

(2)岗位建功方面。1名青年员工成为班组技术员,2名青年员工走向生技室专责岗位,1名青年员工走向综合室主管岗位,2名青年员工被选拔到兄弟单位挂岗锻炼,2名青年员工被提拔为四级副职。

(3)科技创新方面。取得发明专利2项、实用新型专利7项,发表论文2篇,获得省公司科技进步奖一等奖1项、二等奖1项,公司技术创新优秀成果奖一等奖2项、二等奖3项。

(4)品牌建设方面。累计发布新闻稿件442篇,其中在学习强国、新华社、人民网、《工人日报》、《湖北日报》、《国家电网报》、《中国电力报》等媒体上稿101篇。

参考文献

[1] 张友良.搭建青年成长成才大舞台——访国家电网有限公司副总政工师兼党组党建部主任、直属党委副书记王彦亮[J].国家电网,2021(09):24-27.

[2] 左龙.“常规+自选”组合拳 助推青年成长成才[J].中国共青团,2022(05):64-65.

[3] 团浙江省委.锻造新时代青年岗位能手 助力新青年成长成才[J].中国共青团,2020(13):19-20.

[4] 皮富强,李阳春,郑海,等.青年成长成才的“三维”梯度培养[J].企业文明,2020(01):54-56.

[5] 李思宇.新时代如何促进企业青年成长成才[J].中外企业文化,2021(05):24-25.

作者简介:

黄海(1978—),男,本科,高级工程师,国网湖北超高压公司荆门运维分部主任、党总支副书记。

基于"四化两制"的班组安全管控创新实践

周广

(国网湖北省直流公司运检部,湖北武汉　430000)

指导人:姚兵

摘要:本文主要论述了班组现场安全管控"四化两制"创新实践。"四化"是指人员管理区块化、人员作业固定化、作业流程图表化、机具管理系统化,通过"四化"管理实现作业现场设备、人员、机具的有机结合。"两制"是指风险辨识会商制、合规检查闭环制,通过"两制"能够发现并处置现场风险点。该管理创新主要应用在多台大型设备同时交叉检修现场,实现作业风险有效管控,可推广至运维、后勤、基建等多领域。

关键词:看板理论;四化两制;交叉检修管控

一、背景描述

直流专业设备价值高,每座换流站造价均在20亿元以上,柔直工程单个阀厅造价就高达5.2亿元,在建的±800 kV武汉特高压换流站,静态投资更是高达48亿元,一旦出现设备事故,损失将极为严重。核心设备集成度高、技术复杂、迭代迅速等特点,使之长期占据电工装备顶级序列。设备高电压等级、高技术含量、高价值特点必然导致作业高风险,班组是现场作业的基本单元,面对复杂作业现场,只有通过系统的安全管控措施,才能保障安全作业、高效完成任务。

当前,班组安全管控研究较多,研究主要集中在变电专业和基建专业,基于换流站的安全管控则不多,尤其是针对大型作业现场如何对人员进行有效管控、如何让现场作业人员在较短时间熟悉作业流程和风险点等方面的研究还有待完善。

二、原因分析

新检修业态必须创新管理模式,传统的现场管控模式已经不适应新的检修任务。面对复杂检修任务,管理上必须适应以下三点变化:一是管理由点对点模式变为点对面模式。对于单一设备检修可采用点对点模式,工作负责人直接管理所有作业人员,但多台高价值设备同时作业于不同工序工艺时,工作负责人直管模式难以实现,必须采取人员区块化管理,缓解管理“瓶颈效应”。二是流程由文字描述变为图像化展示。如何让现场人员能够清晰了解整个施工流程并遵照执行，是现场迫切需要解决的问题。“看板理论”具有直观、具体、明晰的优势，基于该理论绘制全过程流程图，可使各级人员清晰了解工作步骤、施工界面和责任划分。三是会商由临时发起变为常态协同。多台高价值设备同时作业，沟通强度和实效性要求高，层层汇报、多头会商、逐级下达的常规模式已不适应，必须建立覆盖现场实施人员、工作负责人，以及项目部、直流公司主管人员的更加高效的新型会商模式，及时反馈现场实际、全面分析技术难点、快速解决所发现的问题。

三、解决方案和措施

针对大型复杂施工现场，多台高价值设备同时交叉检修管控，直流公司创新了基于“看板理论”的“四化两制”管理模式。“四化”是指人员管理区块化、人员作业固定化、作业流程图表化、机具管理系统化，实现作业现场设备、人员、机具的有机结合，管控好现场。“两制”是指风险辨识会商制、合规检查闭环制，充分打通专业壁垒，实现协调联动。

（一）解决思路

（1）人员管理区块化。现场首次实行“专业化管理＋区块化管控”新模式，按照工作属性，划分不同专业工作组，按照作业所在区域，分区管控安全，所有分组由工作负责人统一指挥，各个分区由所在专责监护人管控安全。

（2）人员作业固定化。参检人员固定工作区域与任务，非特殊情况不允许交叉作业（指跨区域、跨专业作业），在现场以展牌的形式公布。

（3）作业流程图表化。编制全过程流程图，在流程图上标注该流程对应的检修标准化作业卡，做到检修工序、检修工艺、检修标准一目了然。

（4）机具管理系统化。设置大型机具身份牌，实时记录机具名称、当前状态及对应的检修设备、机具管理人员信息、开停机时间等，及时更新站牌信息。

（5）风险辨识会商制。由项目部组织，施工单位、厂家和技术监督单位共同开展现场勘查，并在此基础上进行风险评估和风险会商，全面分析人身、设备、电网风险，将分析结果以风险管控牌的形式放置在现场。

（6）合规检查闭环制。成立合规性监督小组，对该项工作开展专项督查，重点开展作业流程、安全措施合规性检查，形成“收集现场施工反馈—提出改进意见—指导现场实践”闭环管理模式。

（二）主要做法

1. 人员管理区块化

在大型检修施工现场，多台高价值大型设备同时交叉检修时，工作负责人要做到同时管好现场人员、管细施工工艺、管住安全风险，往往难以兼顾，从而出现安全管控不到位、作业计划不周详、机具调控不及时等情况。针对管理存在不足，直流公司从实际出发，优化管理模式，构建以项目部为依托、以工作负责人为核心、以分组负责人为纽带的人员职责体系。项目部是现场施工的管理机构，人员由各相关方组成，负责统一组织协调各项工作任务。工作负责人是现场施工第一责任人,下设作业状态管理、作业安全管控、作业机具调度等区块,各区块设置分组负责人,由直接管理到现场所有人员改进为管理到区块负责人。分组负责人可根据所属专业、所在区域进行设置,例如,在 GOE 套管更换期间,现场就设置有作业状态管理组、作业管控组、机具调度组,分别负责检修工序控制、检修人员管控和机具统一调配,见图 1。

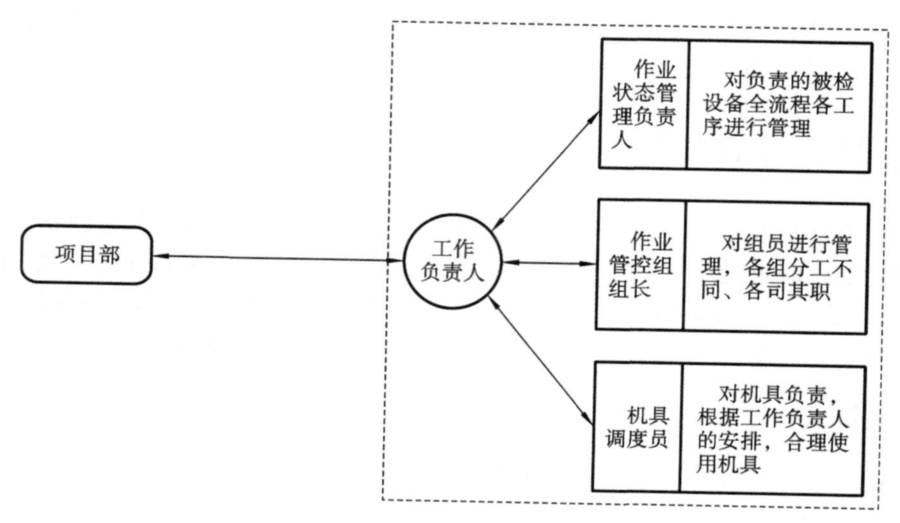

图 1　人员管理区块化看板

2. 人员作业固定化

(1)优化分类管理机制。根据工程实际,将所需作业人员细化分类,根据作业人员作业资质及工作经验,确定作业人员类别。分工确定后,各类别作业管理人员使用马甲区分,各专业管控小组使用袖章区分。将各专业的作业人员固定在各自的工作区域开展工作,非特殊情况不允许人员交叉互换作业,实现人员作业固定化。

(2)确保人员作业固定。作业现场所有人员必须服从工作票工作负责人的管理。由工作负责人直接指挥现场所有人员、机具,工作班任何成员不得脱离工作负责人的管理。工作负责人须采取相应的奖惩机制,加强人员监督,确保所有作业人员按照分类作业体系,在相应的区域进行工作。此外,作业人员分类情况及所在工作区域,在现场以看板的形式进行公布。

3. 作业流程图表化

(1)编制标准流程图表。通过编制全过程流程图使各级人员对工作步骤有清晰的了解,再将标准化作业卡融入各流程中,这样不仅明确了施工界面和责任的划分,还起到了相互监督的作用。同时,同环节作业人员同进同出,监督人员时刻抽查,最终达到所有施工人员自觉执行、互相督促的目的。若涉及关键流程和工序时还要全程使用录音录像的方式记录并作为原始资料永久保存,确保每一步作业流程都责任到人。

(2)细化专项作战看板。以 ABB GOE 型套管底座更换项目为例,完成套管底座更换工作需进行断引、油枕排油、小排油、套管拆除等 17 个步骤,为确保上一个步骤完成且无异常后再进行下一个步骤的机具、人员转场,需在每一个施工步骤进行过程中,填写相应的步骤管控卡,在步骤管控卡完成的情况下,再进行下一个步骤的工作,见图 2。

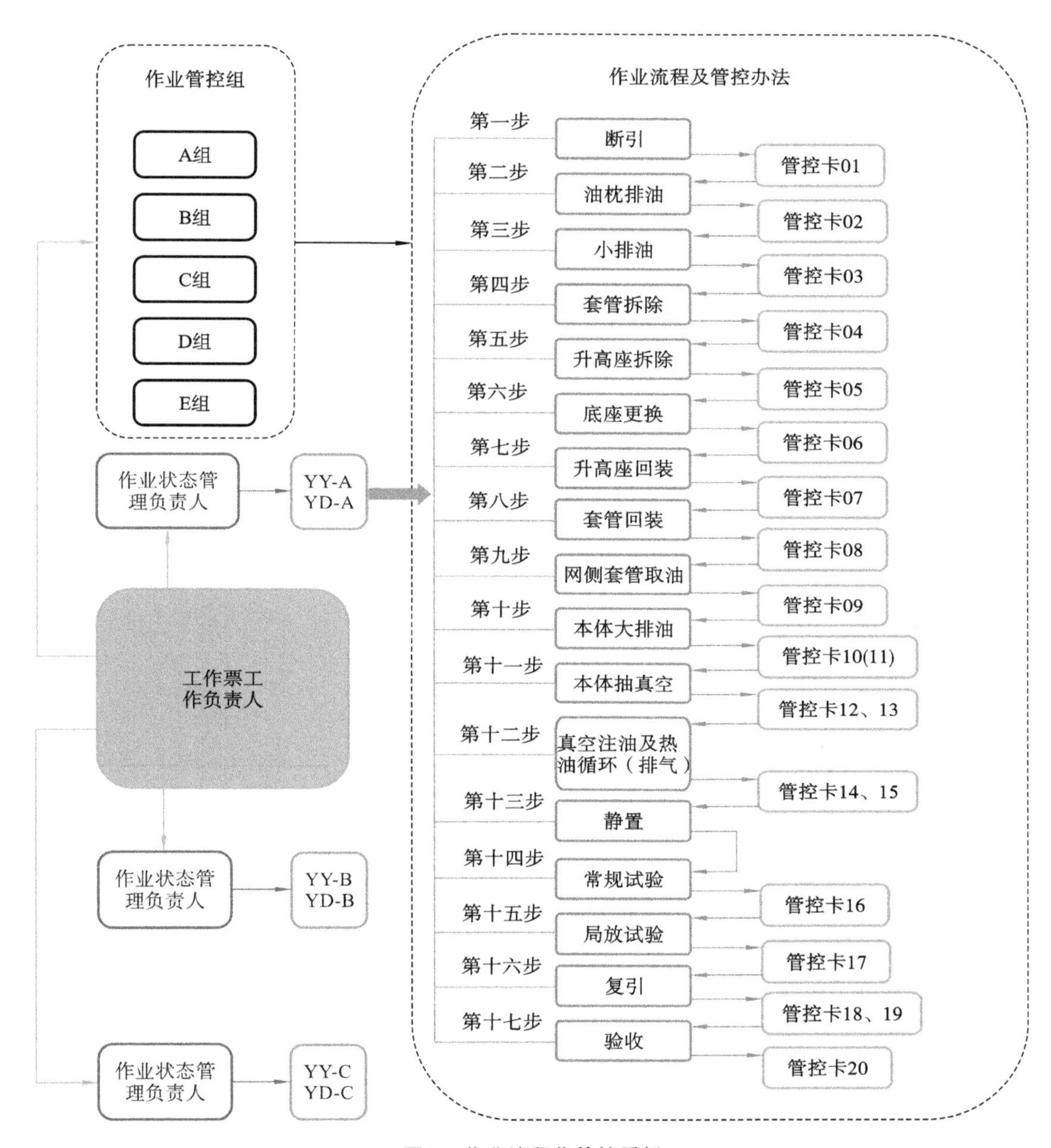

图 2　作业流程化管控看板

4. 机具管理系统化

(1)流程化管理提升机具效率。针对复杂多样的检修现场，大型机具管控也是至关重要的。想要利用好这些机具必须有好的管理办法，最简单高效的方法就是管理好现场的实施人员，优化大型机具管理模式。现场将与之有关的工作人员分为机具管理人员、机具运维人员和转序人员三类，即机具调度员、步骤转序组和机具操作组，形成以工作负责人为核心的管理模式。

(2)定置化管控强化机具监督。现场使用定置看板展示现场换流变、机具、油罐的使用状态,明确反映油罐所对应的机具、机具所对应的变压器、电源所对应的机具、各油气管道连接等信息,由工作票工作负责人实时更新,见图3。

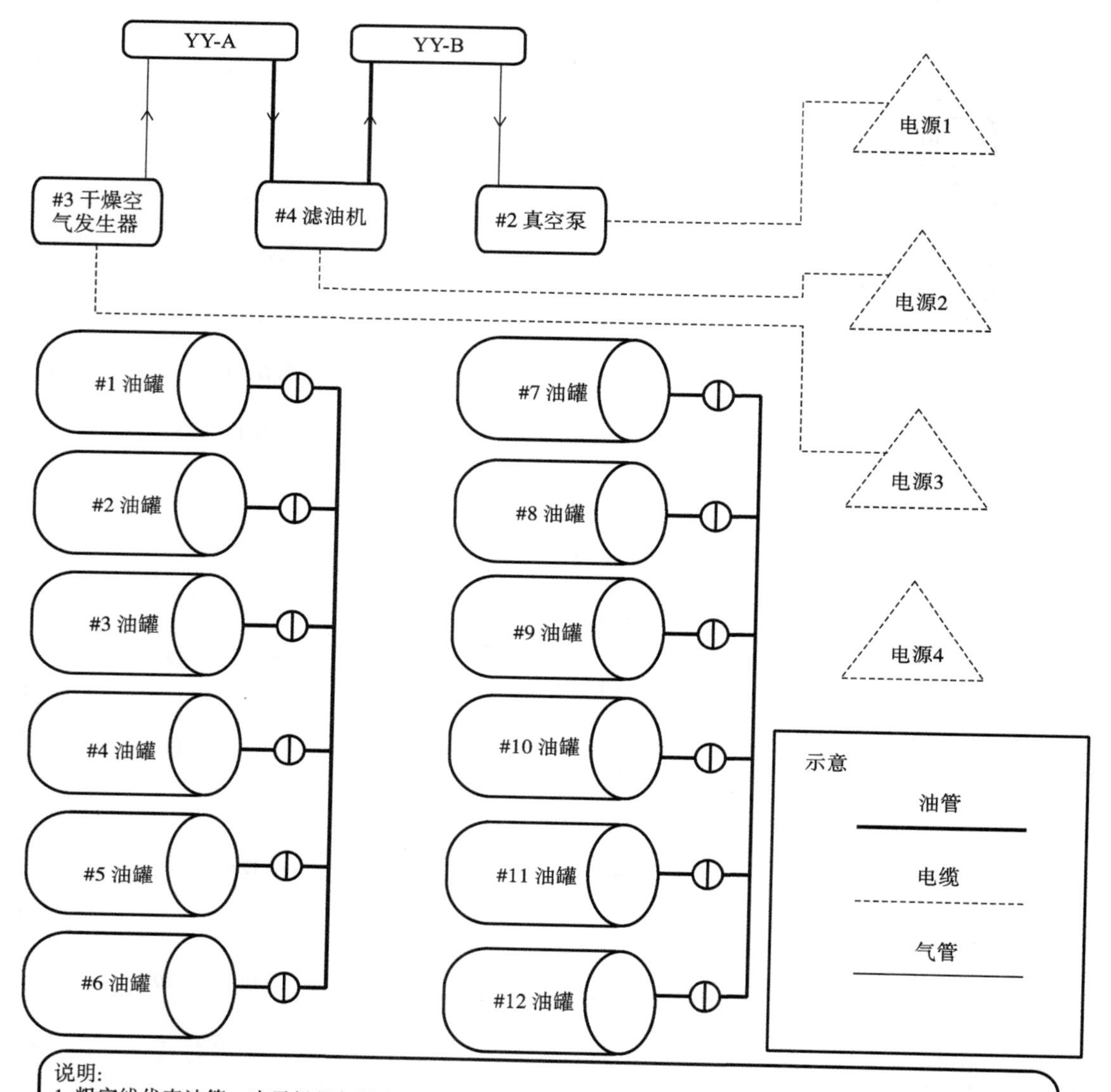

图3 机具定置管理示意图

项目实施中加强机具监督管控,将监管制度精确到每台变压器、每张标准作业卡。针对每一台换流变项目部都设置了专职监管人,专职监管人均是从公司内部专业班组里抽调的精兵强将,利用监管人专业技术优势"一对一"地对单台换流变的关键点开展监督、见证和录像工作,确保关键点工艺严格按标准进行。

四、总结

通过对人员区块化及作业固定化管理，作业人员发现异常情况时能快速有效地向上反馈，当突发问题反馈至项目部后，项目部可借助风险辨识会商制与合规检查闭环制，组织各单位迅速分析情况，确定处理方案，加快突发事件处置速度。

国网湖北省直流公司通过实施以"四化两制"为核心的检修管理制度，提高了检修现场的管理能力，缓解了因设备老龄化带来的检修工作量超常规增长压力，促进了省直流公司检修管理水平的提升，确保了三峡电力外送及跨区联网的安全稳定运行。

作者简介：

周广(1981—)，男，国网湖北省直流公司运检部主任。

恩施地区配电自动化建设与思考

张建业

（国网恩施供电公司，湖北恩施　445000）

指导人：周玉超

摘要：配电网是电力系统的末端电网，也是直接面向电力客户的馈供网络。用户对于供电网络的安全性与可靠性要求不断提高。本文在对配电网自动化的研究背景、国内研究现状进行简要介绍的基础上，针对国网恩施供电公司配电自动化建设展开研究，找出了配电自动化建设和应用中存在的主要问题，并提出了配电自动化应用水平提升的建议。

关键词：配电网；自动化；供电质量

配电自动化是提高配电网供电可靠性和供电质量、扩大供电能力、提高配电网运行管理水平和优质服务水平、组建高效经济运行的配电网的重要手段，也是实现新型电力系统的重要基础之一。配电自动化建设以坚强配电网架为基础，在具备完整图模管理基础上覆盖全部配电网设备；全面遵循 IEC61970/61968 国际标准，通过配电网信息的集成整合与共享，完成配电监测控制和馈线自动化基本功能，扩展对新能源接入、配电网自愈、可视化调度操作、与用户互动等功能，具有信息化、自动化、互动化特征。

一、配电自动化建设及应用现状

（一）配电自动化基本情况

国网恩施供电公司（以下简称“公司”）现有市辖供电区 1 个，县级供电公司 8 个。行政面积 24111 平方千米，供电总面积 5687 平方千米，供电总人口 433.12 万人，截至 2021 年，公司 10 千伏配电线路共有 856 条，长度 18485 千米，其中架空线路 18188.3 千米，电缆线路 296.7 千米，电缆化率 1.61%。联络线路 383 条，联络率 44.75%。10 千伏公用配电变压器 25502 台，配变容量 3235 兆伏安，平均单体配变容量 126.9 千伏安，供电户数 156.4 万户，户均供电容量 2.06 千伏安。

配电自动化覆盖线路 120 条，覆盖率为 14.02%（公司配电网规模在湖北省排第 10 位，配电自动化覆盖率排第 14 位）。与武汉、宜昌、襄阳等公司相比，在配电自动化终端数量、覆盖数量、馈线自动化（FA）投运数量等方面存在较大差距。已建设配电自动化线路中，具有

1～2套终端设备的配电自动化线路占67.5%，具有3～4套终端设备的配电自动化线路占17.0%，具有5套及以上终端设备的配电自动化线路占15.5%。若剔除终端为故障指示器和仅有2套及以下终端的配电线路，则满足有效覆盖的配电自动化线路不足30%。已建设的终端设备中，接入配电自动化主站的设备有641套，配电自动化终端设备接入率49.0%。配电自动化终端投入三遥功能的设备2套，三遥终端占比0.15%。

（二）配电自动化应用情况

近几年，配电自动化在配电网规划、调度、运检、服务等方面发挥了一定作用。一是实现了覆盖区内配电网状态监测及控制，初步解决了配电网“盲调”问题。二是提升了配电网设备巡检效率，减少了配电网人工巡视工作量。三是提高了故障处置能力，配电自动化有效覆盖线路实现了故障快速研判、定位、隔离。2021年，公司用户户均停电时间为15.8小时，排名居全省第9位。2022年1至3月，频繁停电投诉仅2次，对比2021年同期下降300%。

配电自动化局部应用取得一定作用，但总体来看，配电自动化遥控操作次数少、馈线自动化参与故障处置率不高，应用成效不理想。以2020年为例，公司通过配电自动化遥控操作2次；10千伏配电线路共计发生故障跳闸811次，其中馈线自动化参与故障处置零次，馈线自动化（FA）功能在10千伏配电网故障处置的参与率为零。

二、配电自动化建设和应用中存在的主要问题

（一）配电自动化建设质量难以有效管控

（1）未落实规划设计要求。前期，在有限的资金投入下，片面追求覆盖率指标，单条线路终端数量配置较少，未严格落实国网馈线自动化“一线一案”设计规范及“四同步”要求，导致大量线路建设完成后不能满足故障自动处置功能需求，难以实现馈线自动化有效覆盖，部分线路甚至存在重复改造的问题。配电网分段、联络、环网设置不合理、不完善，环网互供、网络重构、配网自愈基础能力不强，增加了配电自动化建设应用难度，配电网架构有待进一步优化。

（2）设备质量管控协同不够。国网公司配电自动化技术路线迭代较快，配电自动化信息采集、安全防护、故障处置、外观接口等要求均发生了多次变化，前期投运的终端、故障指示器等设备大量存在耐候性差、外挂加密模块不稳定等问题。物资采购环节把关不严，终端设备厂家数量过多，FTU与开关设备厂家不同导致现场联通调试不匹配，存在着不同厂家设备质量参差不齐、设备板件和维护软件不兼容等问题，导致建设运维难度大、投运率与接入率不高、备品备件储备困难。

（3）安装调试质量欠缺。公司配电网接入主站的终端占比不高，已接入的终端图模和数据质量较差。由于与PMS图形数据录入规则不一致，不能满足图模导入要求，导致图模数据维护难度大、工作进度迟缓。部分市县公司因工作站部署不到位、调试装置不够、人力不足、工期紧张等原因，未按照要求开展配电终端仓库联调，或联调后未对上线数据进行核查，导致设备上线后数据质量差，存在遥信、遥测、告警信号上送异常，遥控功能无法执行、上下游数据不对应、拓扑对应关系错误等系列问题。

(4)系统数据交互质量差。配电自动化主站要与EMS、PMS、供服平台、用采系统、数据中台等进行信息交互,部分系统源端数据质量制约了配电自动化高级功能应用。比如,PMS源端数据大量存在设备错位、信息缺失、上下游信息不对应等问题,导致配电自动化系统数据维护工作量大,各种功能实用化难以保障。

(二)配电自动化工作协调保障机制有待加强

(1)专业协同机制不畅。调度、运检、网改、信通、供服等部门单位在配电自动化的管理和应用等方面职责分工不明确,工作流程不清晰,难以为配电自动化建设、维护、应用提供有效的协同保障。

(2)资金和项目保障不到位。大量配电自动化线路均以初步覆盖为主,大部分在线路首端或分支上安装个别配电自动化终端设备。终端配置位置、数量与线路分段、分支、联络开关的数量不匹配,配电自动化的故障定位、隔离和转供功能难以实现。

(3)专业人才储备不足。配电自动化涉及一次、二次、通信、自动化设备,对从业人员专业素质要求较高,现有专业人员无法承载建设、安装、调试、运维等相关工作,建设和维护等工作大量依靠厂家技术人员,难以保证配电自动化建设与应用质量。

(三)配电自动化技术应用存在明显短板

(1)馈线自动化与继电保护未有效配合。公司变电站10千伏出线开关速断保护延时一般设置为0秒或0.15秒,难以满足配电线路保护选择性要求,支线故障易导致变电站出线开关越级跳闸。馈线自动化与继电保护相对独立运行,未能实现取长补短、联动配合。

(2)终端设备单相接地故障处置能力闲置。当前大部分一、二次融合开关采用暂态零序功率方向保护,具备单相接地故障处置能力,但是受制于设备质量、功能调试、参数配置、运行维护等因素制约,在现场并未得到充分应用。对于10千伏中性点不接地系统,发生单相接地时,多数县市公司仍然主要以人工巡查、拉路选线为主。这其中既有工作习惯、思维观念未及时转变的原因,又有新技术消化接受不足的问题。

(3)适用未来配电网发展技术储备不足。与传统配电网相比,未来配电网将逐步形成复杂的网络拓扑结构,各类分布式电源、电动汽车、电力电子设备广泛接入,电源侧、电网侧、负荷侧都将具备较大灵活性。而当前配电自动化系统的功能应用还未能充分考虑到未来配电网的发展需求,在能源互联网及数字化转型等方面的跟踪研究及专业技术储备均有不足。

三、配电自动化应用水平提升的思考与建议

(一)着力提高配电自动化配置水平和建设质量

(1)严格落实规划设计方案。按照已制定的建设目标和任务,进一步优化配电网结构,提高“有效”联络供电能力。分区域、差异化制定配电自动化规划设计,编制“一网格一案”、馈线自动化“一线一案”。落实馈线自动化、继电保护策略部署。集中、成片开展配电自动化建设改造,避免配电自动化建设“撒胡椒面”“钱花了,没起到作用”,确保“设计一条,建成一条,实用一条”。

(2)严把设备入网质量关。开展配电自动化供应商绩效评价,将评价结果应用于招标环节,达到优选好设备、减少供应商数量的目的。同时应优化物资分配机制,严格控制各地市每类终端设备供应商数量,减少现场建设运维难度。开展配电网设备入网检测、到货检测、设备抽检等检测工作,从招标采购环节提升设备质量。

(3)做实做好设备安装调试。针对安装、调试中易发、频发的问题,编制标准化施工作业指导书,确保设备安装和接线无误。严格执行"未调试,不安装"的规定要求,在终端设备上线前,必须开展仓库联调,确保终端点表、配置与主站图模数据对应。

(二)不断提升配电自动化运维管理水平和工作效能

(1)强化职能职责,建立完善运维管理机制。梳理运维工作流程,规范设备台账、设备异动、运行监视、遥控操作、检修处缺等日常工作。结合配电网故障跳闸"一事一分析",开展馈线自动化及保护动作情况分析,对未正确动作事件进行整改。

(2)着眼于实用化目标,加大指标考核力度。结合公司配电自动化建设工作,掌握配电自动化设备在线情况,每月通报各公司运行指标情况,每季度进行配电自动化运行指标考核,促进应用功效发挥。

(3)组建核心专家队伍,常态化开展技能培训。定期开展配电自动化轮训、技能比武。定期组织召开配电自动化专业会,开展经验技术交流。在公司建立一定规模的专家人才队伍,满足配电自动化实用化应用需求。

(三)切实解决配电自动化技术痛点和工作难点

(1)优化继电保护功能配合。推进继电保护与馈线自动化功能协同,实现变电站出线开关与配电线路分段、分支、分界开关的功能配合,确保故障快速切除并减小故障停电范围。

(2)明确单相接地故障处置技术路线。针对10千伏中性点不接地、经消弧线圈接地、灵活接地等不同接地方式,明确单相接地故障就近快速处置的技术路线,差异化实施架空、电缆线路的故障配置模式,切实减少单相接地故障发展扩大,引发大面积停电及人身触电安全问题。

(3)开展存量自动化设备治理。理清现有设备台账及运行情况,逐条线路梳理与实用化存在的差距,制定实用化提升工作计划。开展未上线设备上线联调、已上线设备数据治理,重点针对上下游数据不对应、上送主站信息错误或缺失、拓扑对应关系错误等问题进行核对整改,提高营配数据贯通水平,为实用化应用奠定基础。

(4)强化人员资金技术保障力度。针对配电自动化户外终端较多、数据测控量大、通信环境复杂等问题,在人员力量配置、成本费用列支、技术手段提升等方面给予有力支撑,最大化发挥配电自动化建设应用成效。

(四)有效发挥配电自动化对供电服务的支撑

(1)充分发挥配电自动化"可视化"功能。强化配电自动化系统与用电信息采集系统、供电服务指挥系统数据贯通和功能融合。充分利用配电自动化运行状态感知、故障研判及设备异常监测功能,支撑客户供电质量监测、配电网故障主动研判、停电信息发布、主动抢修工单生成等应用场景,提升客户优质服务水平。

(2)有效利用馈线自动化故障处置功能。实现配电线路故障定位、隔离、自愈,缩短故障查找时间,缩小故障停电范围,快速恢复供电,有效减少客户反映频繁停电问题,提升客户用电体验。同时在配电网故障高效处置、设备状态管控、精益运维抢修等方面,提高供电服务效率,并为配电运维"减餐"增效。

(3)拓展使用配电自动化图模功能。结合智能电表 HPLC 推广应用,进一步完善"站—线—变—户"拓扑结构和对应关系,实现"电网一张图"。同时实现配电自动化功能信息的整合,并推送至相关专业人员,强化配电自动化对调度、运维、抢修等业务的支撑能力。

配电网是电力系统的末端电网,也是直接面向电力客户的馈供网络,建设安全可靠、高效经济和灵活互动的配网自动化系统是公司发展的重要方向,同时也是为社会和广大人民群众提供更优质电能和更完善服务的需要。

参考文献

[1] 洪成,史俊霞. 配网自动化系统在城市中电网的应用[J]. 上海电力大学学报,2021,37(S1):47-48,52.

[2] 梁松涛,王文海,郑枭,等. 配网自动化技术在配网运维中的应用探究[J]. 电气技术与经济,2021(4):45-46,80.

[3] 李斌. 某县供电公司配网自动化系统的设计与实现[D]. 太原:中北大学. 2021.

[4] 张锋. 配网自动化应用于智能电网的研究[J]. 技术与市场,2020,27(12):117-118.

[5] 张黎. 配网自动化及智能化相关问题分析.[J] 智能城市,2020,6(22):73-74.

作者简介:

张建业(1977—),男,本科,高级工程师,国网恩施供电公司配电部主任。

践行"四个坚持",加快建设"两强两化"办公室
——关于进一步提升办公室系统服务保障质效的思考

刘少波

(国网宜昌供电公司,湖北宜昌　443000)

摘要:办公室是公司党委高效运转的中枢,承担着承上启下、协调左右、衔接内外的重要职责。国网湖北省公司高度重视办公室工作,先后提出"四个表率"[1]"四个抓"[2]和"四个发挥好"[3]"四个要"[4]"四个有"[5]的工作要求,为办公室系统做好各项工作提供了行动指南。本文主要围绕国家电网"一体四翼"发展布局落地、省公司冲刺"华中区域领先,国网第一方阵"目标、宜昌公司实现"全面跟跑武汉,奋力重点突破"任务,系统分析办公室工作面临的新形势、新任务,提出办公室系统要践行"四个坚持",加快"两强两化"建设,为服务公司高质量发展提供强大支撑。

关键词:两强两化;四个表率;四个抓;四个发挥好;四个要;四个有;四个坚持

一、当前办公室工作面临的新形势、新任务

2022年,国网湖北省电力有限公司(以下简称"省公司")提出冲刺"华中区域领先,国网第一方阵"的有力号召,国网宜昌供电公司(以下简称"宜昌公司")作出了干在实处、走在前列、争当示范的铿锵动员。省公司李生权董事长在宜昌调研期间,对宜昌公司提出殷切期望,提出宜昌公司要以"勇向前"的态度,当好创先争优的排头兵,为省公司实现发展目标贡献宜昌力量。站在新起点,宜昌公司将面临更大机遇和挑战,同时也被寄予更高期望、赋予更重责任。办公室作为落实公司决策部署的"第一梯队"和"第一战线",关系全局、责任重大,必须深刻认识肩负的历史使命与发展重任,全面理解、准确把握新形势、新目标和新任务,以担当诠释忠诚、以作为彰显价值、以钉钉子精神,把各项工作做实、做精、做细、做好。

(一)外部形势的新变化对做好办公室工作提出更高要求

在突发的新冠疫情冲击下,百年变局加速演进,外部环境更趋复杂严峻和不确定性,我国经济发展面临需求收缩、供给冲击、预期转弱三重压力,实现经济稳定增长面临诸多困难和挑战。宜昌市委市政府提出"强产兴城、能级跨越、争当龙头"的发展目标,对宜昌公司做好电力保障提出更高要求。此外,随着"双碳"目标的提出、新型电力系统的构建、电价市场

化改革的推进,国家陆续出台了大量新政策,改革力度之大、政策变化之快、与其他行业关联度之高前所未有。迫切需要办公室系统加强政策分析研判,充分发挥“参谋部”“智囊团”作用,为宜昌公司党委研判战略环境、确立战略目标、制定重要政策提供有力支撑。

(二)上级公司的新部署对做好办公室工作提出更高要求

国家电网公司办公室主任工作会议提出,办公室系统要细致、精致、极致做好“三服务”[6],高标准、高水平、高质量实现“三满意”[7]。省公司2022年办公室工作会议强调,要不断强化业务能力、优化专业管理,努力达到“两强两化”[8]目标,在实现“华中区域领先、国网第一方阵”目标中当先锋、打头阵、作表率。省公司多次对办公室工作作出指示,先后提出“四个表率”“四个抓”和“四个发挥好”“四个要”“四个有”的工作要求,为办公室系统做好各项工作提供了行动指南。办公室系统必须坚决贯彻、全面落实,不断提高“三办”[9]“三服务”的能力和水平,推动各项工作再上新台阶,以更好的工作质效,服务公司改革发展。

(三)公司发展新目标对做好办公室工作提出更高要求

2022年,宜昌公司党委高标站位、自我加压,擘画了公司和电网高质量发展新蓝图,提出了“全面跟跑武汉,奋力重点突破”的新发展目标,积极顺应时代发展和形势变化,明确了“四个转型”发展路径。目标和路径的提出,是压力也是动力,要实现这个目标,需要公司各专业、各层级团结一心、共同努力。办公室作为保障企业有效运转、高效运营的枢纽组织,直接影响公司全局,代表企业形象。必须发挥好“协调中枢”的作用和“不管部”的职责,切实做好补台和兜底,推动公司各方力量朝着中心工作聚焦、围绕发展大局聚力,确保公司新发展目标顺利实现。

二、践行“四个坚持”的工作措施

(一)坚持旗帜鲜明讲政治,做到绝对忠诚

(1)加强政治建设。始终把对党绝对忠诚作为首要政治原则,坚持以习近平新时代中国特色社会主义思想武装头脑,拥护“两个确立”,树牢“四个意识”,坚定“四个自信”,做到“两个维护”。时刻胸怀“国之大者”,加强党的路线方针政策学习研究,保持高度的政治敏锐性和洞察力,不折不扣贯彻落实重大决策部署,做到坚定不移抓发展、矢志不渝保稳定。

(2)敢于牵头抓总。牢固树立“身在兵位、胸为帅谋”的意识,善于从领导的角度、全局的高度想大事、谋大局,以思想认识上的高站位,带动服务决策上的高层次,做到领导未谋有所思、领导未闻有所知。充分发挥“枢纽”功能,妥善做好内外部、上下级、部门间的联系与沟通,提升战略高度、全局视野、系统思维,健全完善统筹协调机制,确保各部门同轴共转,始终与党委部署“同频共振”。对于职能交叉的“真空地带”,及时补台补位、做好协调兜底,保障各项工作高效运转。

(3)严守政治纪律。坚持把政治纪律和政治规矩作为不可逾越的底线、不能触碰的红线,不断强化自我修炼、自我约束,保持清醒头脑,做到严以律己、廉洁用权,以实际行动维护

公司和办公室的良好形象。

(二)坚持"研精覃思"强本领,当好"坚强前哨"

(1)以前瞻思维抓学习。注重在学习研究上抢跑、领跑,及时学习党和国家的大政方针和宏观形势,跟进学习国家电网公司党组和省公司党委的最新部署,始终站在信息最前沿,以敏锐"嗅觉"超前研判政策走向,精准把握关键重点,及时向公司党委提出对策建议,为公司第一时间争取政策支持奠定基础。

(2)以钻研精神抓学习。聚焦有源配电网、电价改革、"四个转型"等重点课题,从政策、技术、机制等方面开展深层次、多维度、全方位专题研究,科学、精准、即时提供坚强的信息保障和决策参考。注重提升调查研究能力,善于抓住热点、难点问题,深刻思考、系统剖析,善于问计于基层、求知于实践,从调研中发现规律,确保参之有道、言之有物、谋之有方。

(3)以长效常态抓学习。始终保持"本领恐慌"的危机意识、"补课充电"的紧迫感,结合工作要求有计划、成系统地学习,深学政策理论、研学战略部署、精学业务技术、勤学专业知识。固化信息、文稿、智库产品质量评价等典型做法,在反思中提升,在总结中优化,不断提升以文辅政水平。注重拓展学习的广度和深度,努力成为业务工作的"专才"和把握全局的"通才"。

(三)坚持勇于担当抓落实,当好"执行尖兵"

(1)发扬"拼"的精神。坚决克服畏难情绪,带头做到矛盾面前不躲闪、挑战面前不畏惧、苦难面前不退缩,练就干事创业的"铁肩膀""硬脊梁"。坚决摒弃求稳怕错的思想,发扬有先必争、有优必创、有旗必夺的工作激情,勇于"吃螃蟹"、敢为天下先、争做"领头雁"。

(2)强化"抢"的意识。落实"作风建设年"活动要求,打造高效的执行文化,时刻保有时不我待的紧迫感,秉持雷厉风行的工作作风,培育"今日事今日毕"的良好风气。牢固树立主动意识,注重提升工作的超前性和预见性,充分发挥办公室联系面广、综合性强、领会领导意图快等优势,不断提升一叶知秋、见微知著的能力和水平,凡事想在前、谋在前、干在前,推动"作决策、抓督查、保落实"的一体部署、一体推进,牢牢掌握工作主动权。

(3)保持"实"的作风。强化"说了就办、定了就干、干就干好"的工作作风,严格落实首问负责制。把督查督办作为抓执行、保落实的"推进器",完善"一库四报"[10]工作机制载体,紧盯领导关注的大事、进度滞后的难事、节点逼近的急事精准发力、真督实查,督出执行力、查出权威性、增强责任心,确保件件有落实、事事有回音。

(四)坚持强化保障优服务,当好"巩固后院"

(1)强化主动服务意识。牢固树立用户思维,坚持换位思考,紧紧围绕宜昌公司党委、本部部门、基层单位需求与关切,抓好决策支撑、统筹协调、服务保障等工作,以客户体验为导向倒逼管理提升,真正做到"三满意"。

(2)着力提升服务能力。对标"班组建设年"活动要求,加强办公室系统标准、制度和流程建设,编制"标准流程手册",构建"总结复盘"机制,建立"经验库"和"错题本",在总结中提升、在复盘中进步,努力把事务性工作做出专业化水平。加快推进业务领域数字化,定期汇编、动态更新主要业务资料,建立基础资料数据库,深化数据资料共享和多场景应用,不断提高工作效率。

(3)坚决贯彻“三致”标准。严把办文政策关、内容关、文字关,持续完善“研秘督”一体化协作机制,加强材料雕琢和审核把关,提高文稿起草工作质效。严把办会程序关、质量关、勤俭关,坚持抓统筹、重协作,确保重要会议、重要活动、重要接待科学安排、无缝对接、圆满完成。严把办事效率关、规矩关、纪律关,把工作想细、做细、查细,以极端负责的态度、严谨细致的精神,认真对待工作的每一个环节、把好每一个关口、完成好每一项任务,做到零差错、零失误。

注释

[1] “四个表率”:在忠诚上做表率,在学习上做表率,在执行上做表率,在律己上做表率。

[2] “四个抓”:以“致广大”的胸怀抓统筹,以“尽精微”的细致抓服务,以“日日新”的追求抓学习,以“拼抢实”的作风抓执行。

[3] “四个发挥好”:发挥好中枢作用,发挥好参谋作用,发挥好协调作用,发挥好兜底作用。

[4] “四个要”:站位要高,信息要灵,反应要快,动作要准。

[5] “四个有”:有权威,有力度,有温度,有气度。

[6] “三服务”:服务公司党委,服务部门,服务基层单位。

[7] “三满意”:公司党委满意,部门满意,基层单位满意。

[8] “两强两化”:统筹能力强,服务能力强,工作标准化,管理数字化。

[9] “三办”:办文,办事,办会。

[10] “一库四报”:公司级重点工作任务库,周报告、月报告、年度报告和专项督办报告。

作者简介:

刘少波(1984—),湖北宜昌人,研究生学历、硕士学位,高级工程师,国网宜昌供电公司办公室(党委办公室)主任。

公司全面社会责任管理现状分析及思考

耿耿

[国网湖北省电力有限公司党委宣传部(对外联络部),湖北武汉　430000]

指导人:熊威

摘要:开展全面社会责任管理,是国家电网公司顺应世界企业发展的大潮流、大趋势,是主动转变公司和电网发展方式,加快建设世界一流电网、国际一流企业,充分发挥中央企业责任表率作用,引领中国企业社会责任持续健康发展的战略举措。本文结合国网湖北省电力有限公司的实际情况,开展全面社会责任管理诊断评估,直面存在的问题和不足,明确改进方向,进一步提升公司全面社会责任管理能力和水平。

关键词:全面社会责任管理;社会责任示范基地建设;社会责任根植项目实施;社会责任信息披露

一、工作背景和要求

企业社会责任(corporate social responsibility,简称 CSR),是指组织通过透明和合乎道德的行为,为其决策和活动对社会和环境的影响而承担的责任。2016 年,国务院国资委出台的《关于国有企业更好履行社会责任的指导意见》提出,到 2020 年,国有企业形成更加成熟定型的社会责任管理体系,经济、社会、环境综合价值创造能力显著增强,社会沟通能力和运营透明度显著提升,品牌形象和社会认可度显著提高。国家电网公司社会责任研究与管理工作一直处于中央企业甚至中国企业领先地位,自 2005 年着手推进,经历了导入起步(2006—2007)、试点探索(2008—2011)、全面试点(2012—2013)、根植深化(2014—2016)以及示范引领(2017 年至今)五个阶段,形成了国家电网公司的企业社会责任观。

国家电网公司高度重视社会责任管理创新,立足国情和电网企业实际,提出了追求综合价值最大化的全面社会责任管理"鼎·心"模型。而对于一家经营区域覆盖国土面积的 88%、服务人口超过 10 亿人、管理员工超过 150 万人的特大型企业,如何将社会责任理念和全面社会责任管理模式融入所属的 26 个省公司、300 多个地市公司和 1000 多个县公司的生产经营管理工作之中,是一个巨大挑战。为了让社会责任在基层和一线枝繁叶茂,国家电网公司探索出了"责任根植基层"模式(即社会责任融入经营管理)和"自上而下层层推动社会责任管理落地,自下而上层层推进社会责任根植融入"的"双向驱动 示范引领"社会责任工作推进模式。2012 年,国家电网公司提出“深化全面社会责任管理”的要求,持续探索全面社会责任管理的推进路径和落地机制。2017 年,国家电网公司出台社会责任示范基地建设申报条件,进一步健全社会责任管理成果评价标准。2019 年,国家电网公司进一步清理、规范评比表彰工作,社会责任示范基地成为宣传专业唯一评比项目。近期,国网公司《关于下达 2022 年度各单位企业负责人业绩考核指标体系的通知》,将“社会责任表现”纳入专业工作考核目标任务。

推进全面社会责任管理成为公司的必然选择。从内部看,为实现湖北省公司“国网第一方阵,华中区域领先”目标,公司要按照国家电网公司全面社会责任管理要求,深入理解科学的企业社会责任观,准确认识社会责任管理存在的问题和短板,探索一条符合公司实际的社会责任管理推进之路,打造社会责任融入企业管理的“湖北模式”,进一步提升公司全面社会责任管理能力和水平;从外部看,面对能源转型带来的新课题、深化改革提出的新要求、电力保供面临的新挑战,电网企业往往不能“独善其身”“独自美丽”,积极推进社会责任管理,将可持续发展、利益相关方等理念融入企业管理运营,不仅能够实现管理的“微改进”“微提升”,赢得发展空间和新的机遇,也能够为社会问题的有效解决作出电网企业的贡献。

二、工作现状与问题剖析

(一)湖北省公司社会责任管理工作现状

公司贯彻落实国家电网公司全面社会责任管理要求,开展了系列实践与探索,并取得了一定的成绩。2015 年,印发《关于进一步实施社会责任根植项目制的意见》(外联〔2015〕16 号),累计实施社会责任根植项目 120 余个,入选国网社会责任根植优秀、示范以及重点案例库的项目 20 余个;2018 年,启动公司社会责任示范基地建设,指导武汉东新、襄阳襄州、黄石 3 家基层单位申报国网社会责任示范基地。2011 年至今,连续 12 年向社会公众发布公司服务地方经济发展报告书,2018 年起,常态化开展“社会责任周”活动,在省公司层面已形成社会责任信息披露常态化机制,增进社会各界对企业的价值认同和情感认同。

当前,公司在深化社会责任管理、开展社会责任信息披露以及合作交流等方面均有初步探索并形成常态化工作机制,但在管理和融入的深度、广度、亮度等方面存在问题和短板。主要表现在:社会责任管理推进的系统性、整体性有待增强;社会责任管理推进长效机制有待建立健全;基层单位社会责任管理重视程度和工作水平发展不平衡;公司内部缺少一支具有成熟的社会责任理论知识和能力素质的员工队伍。

(二)湖北省公司社会责任管理问题剖析

1. 对社会责任管理认识不够清晰

企业社会责任不是好人好事的纯公益,不是损己利人的无私奉献,不是“企业办社会”干不擅长的事,更不是开展新的业务工作;而是员工新的工作方式,企业新的发展方式、新的沟通方式和新的管理模式。履行企业社会责任就是运用社会责任理念重新思考每一项业务改进,实现再反思、再改进、再提升,强调的是观念的转变。全面社会责任管理是一项需要在企业决策、制度流程、业务运营、日常管理、运行机制和企业文化等全方位融入,且全员参与、全过程覆盖的专业管理工作；是一项打基础、管长远的系统工程，每个部门都要承担履责义务，每个员工都是履责主体。

2. 宣传工作组织机构不够完善

受岗位典型设计及部门编制限制等因素的影响，地市公司宣传部与党建部合署办公，大多并未设置专职副主任或宣传专责，仍由融媒体工作室等支撑机构负责相关工作，管理职责不能有效发挥。同时，宣传人员往往一人身兼数职，“人少事繁”矛盾突出，新闻宣传、舆情管控、社会责任管理等工作难以实现面面兼顾。因此要通过机构、体系的完善，让主力军进入主阵地，做到机构应设尽设、人员应配尽配。建立健全各层级宣传工作组织机构，是做好全面社会责任管理的根本前提和保障。

3. 社会责任管理工作推进制度不够健全

公司及各层级单位在社会责任实践、管理方面均有诸多探索与经验积累，但却未能形成在总部层面可示范、可参考的成果文件，说明公司各级单位社会责任管理工作在制度化、流程化、常态化和规范化方面仍有不足，如社会责任组织机构运行机制、社会责任工作规范等制度保障有所缺失。一方面，没有及时对已形成的典型经验、优秀做法进行总结梳理，在成果总结方面缺乏量的积累，则无法实现质的突破；另一方面，一旦发生单位主要领导或分管领导、部门负责人或相关专责的人员变动，该单位的全面社会责任管理推进工作就面临停滞的风险。

4. 宣传工作考核评价体系不够科学

公司现行宣传工作考核评价体系中，全面社会责任管理的工作压力尚未有效分解、传递到基层单位，导致各单位对社会责任管理的重视程度不够。甚至出现“避重就轻”的现象，认为社会责任管理做好做优难度大，于是就满足于得到该项指标的基础分，再通过新闻宣传指标实现加分，最终宣传工作也能取得优异成绩。可见，只有建立健全科学的考核评价机制，并有效落实兑现，才能促进公司各单位形成全面社会责任管理的工作合力。

5. 工作创先争优的劲头不够强烈

总部层面每年开展重点社会责任根植项目的评选，择优挂牌社会责任示范基地，鼓励各级单位打造亮点、争创典型。然而，公司各层级单位主动开展社会责任示范基地建设的意愿并不强烈，在了解评定指标后“望而却步”，每年提报的社会责任根植项目数量较少且鲜有选题创新、措施翔实的优秀项目，探寻社会责任管理落实切入点的主动性不足，全流程推进社会责任根植项目的积极性不高，缺乏争先创优的意识，“比学赶超”的氛围不够浓厚。

三、下一步工作设想

（一）建立健全全面社会责任管理组织体系

省公司成立以分管领导为组长，各职能部门负责人为成员的公司全面社会责任管理领导小组，领导小组下设工作办公室，挂靠宣传工作归口部门，主要职责是负责公司全面社会责任管理推进牵头工作，构建机构完整、权责明晰、上下联动、运转高效的社会责任组织体系，以构建社会责任长效工作机制为目标，加强社会责任融合、绩效、沟通制度体系建设，推动社会责任工作科学化、规范化、制度化。

(二)形成全面社会责任管理特色推进路径

以“电靓荆彩”责任宣言为引领,充分发挥领导表率、文化引领两大驱动力,系统实施社会责任示范基地建设、社会责任根植项目实施、社会责任报告编制发布以及社会责任课题研究四大落地项目,推动成果总结、改进提升两个方面的管理提升工作,做优组织保障、制度保障、能力保障以及考核机制四大核心保障资源,切实推动社会责任管理理念与实践在各级单位的全面融入。见图1。

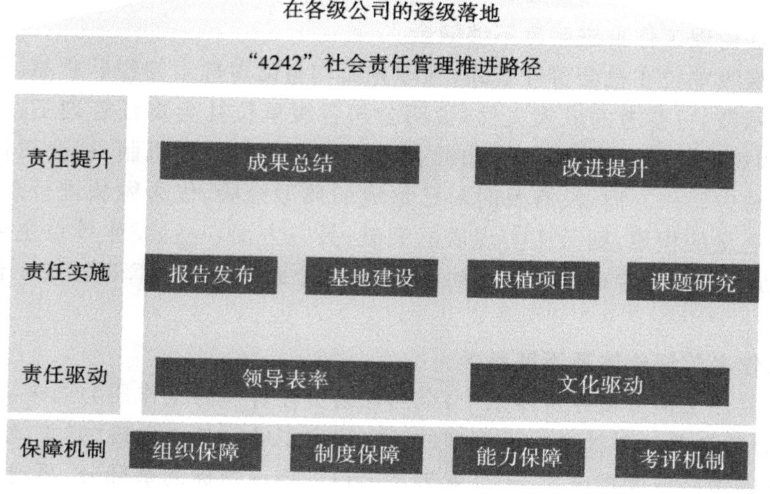

图1

(三)优化完善全面社会责任管理制度体系

制定全面社会责任管理推进总体方案,明确社会责任示范基地建设、社会责任根植项目实施、社会责任信息披露、社会责任管理成果应用等工作规范,加大探索、实践、创新和推广的力度。对照《国网公司2022年度各单位企业负责人业绩考核指标体系》修订内容,加强“社会责任表现”目标任务的分析研究,从公司治理评价、社会责任推进管理、社会价值创造能力、环境能力创造价值、公众透明度五个维度,进行细化分解,明晰各部门职责,修订公司《宣传工作考核评价办法》,发挥好“指挥棒”的导向作用。

(四)选优配强各级社会责任工作专业队伍

通过设置宣传工作专责岗位,增强基层宣传队伍战斗力和凝聚力,参考国网浙江电力队伍配置情况:地市公司通过人资发文构建起“1+3+3”工作体系,党建部分管宣传工作负责人1人,承担宣传职责的专责3人,融媒体中心专责3人,三位专责分别负责履行新闻宣传、舆情管理和社会责任管理岗位职责;直属单位结合实际,综合部或党建部承担宣传职责人员不少于2人;县公司党建部承担宣传职责人员不少于1人。

(五)加强社会责任意识培育和能力建设

通过人资部门将社会责任管理课程纳入各类培训必修课,分层级、有针对性地设计培训课程、培训方法,提升各级单位领导、社会责任管理人员以及其他人员对全面社会责任管理工作的认识、理解、支持与重视程度,为公司实施全面社会责任管理奠定广泛的思想基础。深入学习、借鉴先进单位的先进经验,找准社会责任工作与现有业务的结合点和切入点,稳步、有序地推进全面社会责任管理工作。

作者简介:
耿耿(1987—),女,大学本科,政工师,国网湖北省电力有限公司党委宣传部(对外联络部)品牌处处长。

电网企业数智化审计模式的探索与实践

刘莹

（国网湖北省电力有限公司，湖北武汉　430000）

摘要：本文围绕“全方面审计、全远程实施、全在线管控、全平台作业”的“四全”要求，探索构建适应审计业务需求的数智化审计模式，践行“审计数据、数据审计”的核心理念，促使审计内容综合覆盖、审计手段综合应用、审计成果综合挖掘。审计过程以审计模型为核心，向数据要方法、要线索、要价值，开展大数据全量分析、智能分析的数智化审计，推进审计逻辑数智化、查证数智化和分析数智化，助力审计问题精准定位、审计风险及时研判、审计建议切实可行，实现“为业务赋能，为管理增效”的目标。

关键词：数智化审计模式；全方面审计；全远程实施；全在线管控；全平台作业

一、研究背景

党的二十大报告提出建设数字中国，加快发展数字经济，促进数字经济与实体经济深度融合。国有企业必须带头落实党和国家重大决策部署，加快应用数字技术推动数智化转型，提升企业运营生产质效，助力数字强国建设，服务经济社会高质量发展。

因时而变，因势而动。审计日益成为推进国家治理体系和企业治理能力现代化的重要抓手，内部审计面临的内外环境发生了深刻变化。首先，国家对内部审计的综合性、全面性、宏观性要求不断提高，内部审计工作必须紧跟国家和时代发展步伐，充分发挥审计监督职能。其次，内部审计在政治站位、治理目标和监督职能方面的定位也发生变化，在审计监督体系中发挥的作用也越来越重要。此外，新一代信息技术革新带来数字化、智能化的发展趋势也不断推动审计工作向数智化转型。

二、新形势下内部审计数智化转型必要性

电网企业要积极适应党的自我革命对内部审计提出的新要求、新使命，将审计目标从服务企业发展，提升到助推国家治理能力现代化上来，审计内容也要从微观审计向宏观审计全面覆盖转变，贯彻落实内部审计“一审二帮三促进”要求，履行好内部审计“三项职责”，服务好国有企业“三项责任”。数智化作为最主要、最重要的科技手段，其根本目的就是高质高效保障审计目标的实现，推进党的自我净化，在经济监督中体现政治责任、社会责任，助推国有

企业“三项责任”的落实。

数智化审计是审计工作转型的必由之路;内部审计运用数智化手段来全量分析经营管理数据、全面排查风险问题,有效提高审计工作能力和效率。数智化审计是审计工作创新的必然选择;通过数据驱动和技术驱动全面突破传统审计的模式和效率;运用新技术、新工具,拓宽审计视野,创新审计思路,提升审计广度和深度,为高质量发展注入强大动力。数智化审计将推动事后监督向事中事前转变;传统审计强调事后监督为主,现代审计工作重心是侧重于服务职能的管理审计,需要事前预防、事中控制环节。因此,审计监督方式也逐步由事后审计向事中、事前审计转变。

三、电网企业数智化审计模式构建

近年来,电网企业数智化审计步步推进、层层深入:充分利用企业中台和数智化审计平台,探索构建以数智化审计为主的典型审计模式,强化业务场景建模,多维实践数智化审计方式,主动适应并融入国家和企业数字化转型大局,全面深挖释放数智化审计新潜力、新活力,推动审计工作实现质量变革、效率变革、动力变革的新跨越,加速推进数智化审计转型纵深发展。

(一)数智化审计的概念

以习近平新时代中国特色社会主义思想为指导,发挥数智化技术手段和集团化数据资源优势,综合运用业务信息系统、审计视频系统、审计工作室、企业中台、审计平台等信息系统及数字技术,开展跨域、全量数据分析,发现疑点、查找问题,提升审计风险监督、评价和管理能力。

(二)数智化审计模式的构建

电网企业以数智化审计项目实践为契机,探索数智化审计模式深化应用,围绕“全方面审计、全远程实施、全在线管控、全平台作业”,充分发挥数据赋能、平台建用、技术创新的聚合效应,形成“四大核心三重驱动”交叉立体、互联互通的新型数智化审计模式,在提高审计覆盖广度、提升风险揭示深度、促进公司治理程度上,发挥内部审计作用,助力电网企业治理水平和风险防范能力全方位提升。如图 1 所示。

(1)全方面审计。不断延伸审计监督触角,充分挖掘数据价值,打破传统审计工作方式,利用大数据实现重点领域、关键环节、新兴业务等审计内容的全量全面覆盖,客观、准确、及时、全面地揭示风险问题,精准把脉风险穴位。

(2)全远程实施。深化应用平台建设和审计中间表治理成果,围绕“总体分析、分散核实”原则,开展“非现场+”审计作业,将全量数据获取、模型数据分析、远程移动核实等应用嵌入相应流程,发挥全量、跨域审计特点,提升非现场审计质量。

(3)全在线管控。利用平台“流程管控+智能辅助”功能,在审计项目各关键节点实施线上作业、分级复核和质量管控,实现数据一次录入和多维应用,实现问题整改全流程闭环管理,对审计项目进行事前、事中、事后全在线管控,重塑审计业务流程,强化全过程审理。

(4)全平台作业。综合利用审计机器人建设成果,运用大数据分析技术,以公司各业务

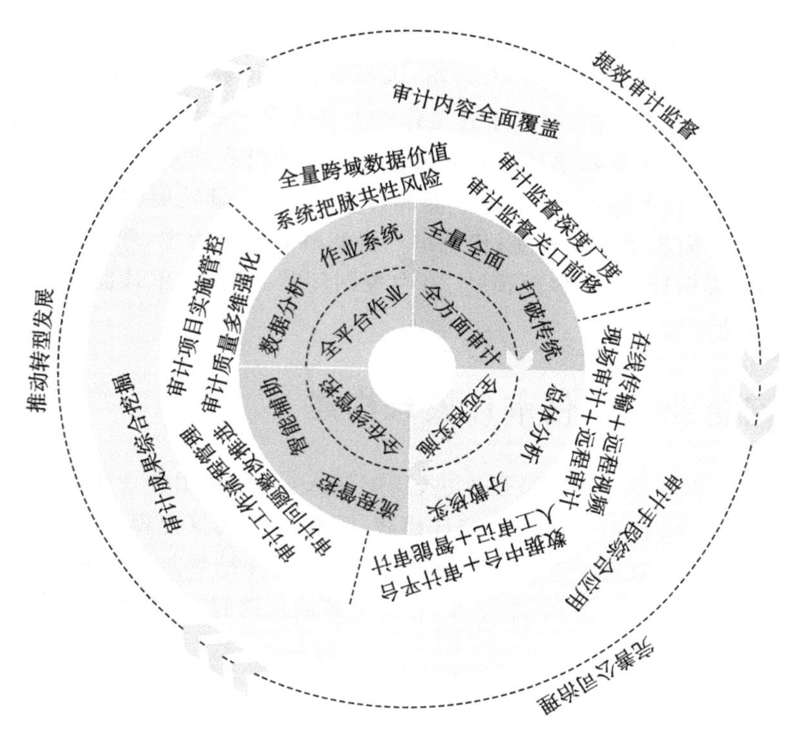

图 1　新型数智化审计模式

系统汇聚的电子数据为基础,综合应用审计作业系统及数据分析工具,探索数智化审计作业模式创新应用,降低重复人工作业量,提升审计智能化水平。

四、电网企业数智化审计模式实践运用

电网公司全面实施数智化审计模式,创新组织模式和审计流程,建立统一的质量管控体系,在数据、平台、技术等核心要素方面发力,充分发挥专家引领作用,夯实数智化审计支撑保障,为持续开展数智化审计模式提供理论和实践指导。如图 2 所示。

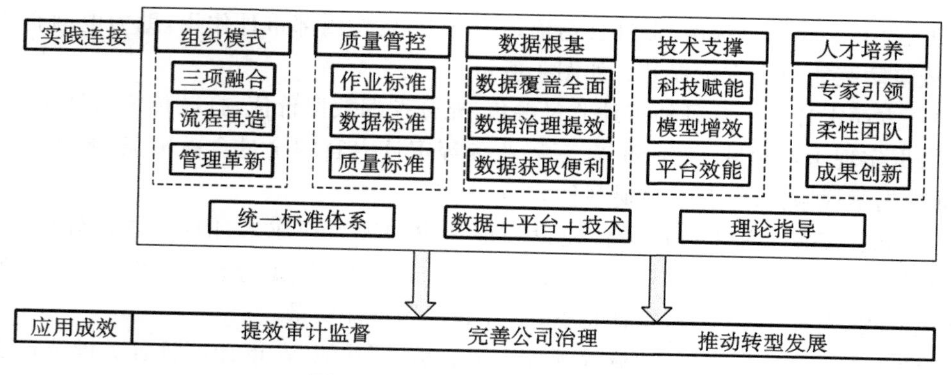

图 2　数智化审计模式实践应用

1. 优化工作机制,推动审计模式更健全

(1)创新项目组织模式。通过“业务+数据”双主审、跨专业柔性团队、跨部门协作等方式,

实现项目融合、人员融合、业审融合，将新型模式在专项审计和常规审计中推广运用，不断打破审计项目边界。

(2)再造项目审计流程。通过“远程＋交叉”“视频＋资料”等，形成权限开放、数据验证、技术支持、模型部署、疑点核实、信息交互等全远程审计作业流程。

(3)推动管理模式革新。发挥数智化审计平台“流程管控＋智能辅助”功能，运用“管理域”实现全过程在线管控。尝试利用监理机器人实时跟踪项目进度、对比审计成果、深挖共性个性问题，挖掘管理优劣支撑。

2.强化质量管控，助推审计基础更稳固

(1)规范作业标准。建立各类型成果标准模板，输出标准化成果体系，提升审计工作的科学性和流程化、规范化水平，建立提升审计效率和效益的根本之策，从源头保障审计质量生命线。

(2)规范数据标准。借助审计机器人等工具，探索审计“工业流水线式”的规范作业技术，实现从数据获取、分析，到疑点、报告生成等自动化全平台流转，打造一键自动辅助生成功能。

(3)规范质量标准。严格落实“三级复核”，建立审理工作评价体系，通过审计平台规范审计程序、固化审计流程，提高审计方案的科学性和针对性，推行实施方案、审计底稿、审计报告全过程线上审理，有效管控项目质量。

3.筑牢数据根基，促进审计实践更突出

(1)推进数据全覆盖。依托数据中台，重构审计业务场景，发挥审计是中台数据第一大用户的优势，高效运用审计数据，推动审计作业方式从单业务系统前端查询向底层数据后台分析转变。

(2)提升数据治理能力。在项目实践过程中，建立部门协同联动工作机制，积极与业务部门常态化运行数据获取和质量提升机制，持续夯实数据基础，提升企业数据质量。

(3)提升数据获取便利性。依据审计实施方案，根据审计内容，制定数据需求清单、数据获取方式，实现数据获取、数据分析、数据存储等“百分百”在中台、平台完成，节约成本的同时提高效率。

4.夯实技术支撑，推进审计应用更智能

(1)科技赋能提质增效。RPA 等自动化技术的广泛应用，有效解决人工重复、低效问题；智能技术持续深化应用，实现重点业务领域的聚类分析、审计画像和风险预警，有效提升审计风险识别的效率和准确性。

(2)模型应用精准定位。以结果为导向，利用平台构建审计模型，在通用模型的基础上，自主构建模型 200 余个，实现审计疑点快速输出，审计质效大幅提升。

(3)建用验证平台效能。以用代验、以用促建，以实战检验平台，以创新优化平台，有效支撑审计管理与审计作业一体化发展，深度实践推广全数智化审计模式。

5.加快人才培养，推动审计队伍更专业

(1)多维培养复合型人才。发挥数智化审计专家团队示范引领作用，开展研究型数智化审计，强化“一专多能”理念，围绕建设投资、生产经营、营销服务、数智化转型培养多专业融合的审计人才，持续输出懂专业、会管理的复合型人才。

(2)激发审计人才活力。跨单位、跨部门、跨专业组建柔性团队，健全业务交流、联合攻关、劳动竞赛、集中培训等措施，挖掘人力资源潜力，实现人岗匹配、精干高效、快速响应，做优“人才链”精准服务“审计链”,增强审计核心竞争力。

(3)成果创新赋能转型。营造学业务、学科技、学转型氛围,研究数智化技术应用场景,借助数据分析工具,运用聚类算法和模型对海量数据进行分析,自动筛查异常风险,增强数据分析能力,形成数智化审计的指引指南,赋能审计转型。

五、数智化审计模式运用成效

在数智化审计模式推广运用中,电网企业创新审计方法手段,依托数字赋能实现审计工作六大突破。

(1)边界突破,审计覆盖领域更广阔。审计数据从单一业务系统内部数据扩展至涵盖外部数据、非结构化数据等多类型数据,数智化手段促进审计触角延伸新领域,实现重点领域、关键环节全覆盖。

(2)深度突破,风险问题揭示更精准。平台数据和外网数据对比分析,深挖隐藏在问题表象背后的真原因,多维画像透过审计成果直达真风险,审计揭示问题更有深度,审计风险揭示更加精准。

(3)效率突破,数字赋能成效更显著。常态化运行两百多个审计模型,周期性扫描经营管理重点风险,高效运转审计机器人来降低重复性单一劳动,疑点转化率提高60%,审计时间压缩30%,审计组成员减少35%,压缩差旅费用50%,审计人员幸福指数和安全指数不断增加,以“倍增效应”为审计质效赋能。

(4)模式突破,审计项目实施更深入。建立“二横三竖”审计新模式,选聘“业务+数据”双主审,组建“专业+数据+技术”综合团队,助力审计流程重塑、程序再造,审计项目质量大幅提升。

(5)管理突破,审计转型发展更智慧。以数智化手段促进管理变革,审计成果多维全画像、审计数据多口径全分析,自动推送计划、形成结论、分析原因、提出建议,以“二全四自”推动审计管理智慧化发展。

(6)目标突破,服务公司战略更突出。牢牢把握审计使命和职责,推动审计从事后向事前转变,减少损失提高效益;从发现问题向揭示风险转变,预警防控及时避险;从稽查稽核向评定评价转变,辅助公司精准决策。

六、结语

电网企业全面落实内部审计“一审二帮三促进”的工作要求,综合实践数智化审计新模式,全面落实重大政策跟踪审计、开展重要经济事项和重点领域风险审计,驱动内部审计迈向更高层次、更高质量,以内审监督服务电网企业高质量发展。

参考文献

[1] 李凤雏.以数字化转型推动内部审计高质量发展[J].审计观察,2023(01):30-35.

[2] 董绪林.基于国有企业发展和安全目标的新型审计监督体系研究[J].中国内部审计,2022(03):25-30.
[3] 支晓强,王储,赵晓红.国有企业实现内部审计监督全覆盖的机制和路径:一个理论框架[J].会计研究,2021(10):166-175.

作者简介:
刘莹(1989—),女,湖北鄂州人,硕士研究生,中级会计师。研究方向:数字化审计、经济责任审计、信息系统审计。工作单位:国网湖北省电力有限公司。